G30 线赛里木湖—果子沟高速公路养护手册 · 第 3 册

Suidao Yanghu
隧道养护

新疆伊犁公路管理局　主编

人民交通出版社

内容提要

本书为G30线赛里木湖—果子沟高速公路养护手册——隧道养护。主要内容包括：资料篇、养护篇、检测篇、应急篇、管理篇，共五篇。

本书适合从事公路养护工作的工程技术人员和养护管理人员使用，也可供行业从业人员参考。

图书在版编目（CIP）数据

G30线赛里木湖—果子沟高速公路养护手册．第3册，隧道养护/新疆伊犁公路管理局主编．--北京：人民交通出版社，2012.9

ISBN 978-7-114-09959-5

Ⅰ．①G… Ⅱ．①新… Ⅲ．①高速公路－公路养护－新疆－手册②高速公路－公路隧道－隧道维护－新疆－手册 Ⅳ．①U418-62

中国版本图书馆CIP数据核字（2012）第169249号

G30线赛里木湖—果子沟高速公路养护手册·第3册

书　　名：隧道养护
著 作 者：新疆伊犁公路管理局
责任编辑：袁　方　王绍科
出版发行：人民交通出版社
地　　址：（100011）北京市朝阳区安定门外外馆斜街3号
网　　址：http://www.ccpress.com.cn
销售电话：（010）59757969，59757973
总 经 销：人民交通出版社发行部
经　　销：各地新华书店
印　　刷：北京市密东印刷有限公司
开　　本：720×960　1/16
印　　张：9
字　　数：117千
版　　次：2012年9月　第1版
印　　次：2012年11月　第2次印刷
书　　号：ISBN 978-7-114-09959-5
定　　价：128.00元（共4册）
（有印刷、装订质量问题的图书由本社负责调换）

《G30线赛里木湖—果子沟高速公路养护手册》

编 委 会

前　言

G30线赛里木湖—果子沟高速公路（以下简称赛果高速公路）是新疆第一条贯穿天山并实现桥隧相连的高速公路，是G30线连云港—霍尔果斯高速公路的重要组成部分，也是国家30个重点示范工程之一。赛果高速公路改建工程于2011年9月30日全线贯通，该路段桥隧相连，施工技术复杂，养护技术要求高，其中果子沟大桥是国内首座，也是新疆唯一的、最大、最重要的双塔双索面钢桁梁斜拉桥。

为贯彻落实交通运输部“十二五”提出的“畅通指导、安全至上、服务为本、创新引领”十六字方针，努力改善和提高赛果高速公路养护管理水平，更好地为社会公众服务，切实体现“以人为本、以车为本”的服务理念，新疆伊犁公路管理局在多年从事公路养护和冬季除雪保交通工作经验的基础上，汲取各省局高速公路养护管理的先进经验和具体做法，与上海桥隧专家、新疆交通科学研究院共同研讨，编制了该养护手册。

本养护手册包括果子沟大桥养护、果子沟大桥引桥养护、隧道养护、冬季养护，共四册。第1~3册由新疆伊犁公路管理局与上海桥隧专家共同研讨撰写，第4册冬季养护部分是由雪害专家及在伊犁多年从事冬季山区公路养护工作的技术人员共同编著而成。

《隧道养护》主要内容包括：资料篇、养护篇、检测篇、应急篇、管理篇，共五篇。

本养护手册具有很强的实用性和指导性，为赛果高速公路开展桥隧养护管理工作奠定了基础，同时为保证安全运营提供了可靠的技术支撑。在此，谨向所有参加本养护手册编写的单位和研究人员表示衷心的感谢！

本养护手册适合从事公路养护工作的工程技术人员和养护管理人员使用。限于编者水平，疏漏之处在所难免，敬请广大读者提出宝贵意见，以便将来做进一步的充实和修改。

编委会

2012 年 7 月

目　录

第一篇　资　料　篇

第二篇　养　护　篇

第三篇 检 测 篇

第四篇 应 急 篇

第五篇 管 理 篇

第一篇 资料篇

1 编制说明

国道30（原G045）线赛里木湖至果子沟口高速公路改建项目（以下简称赛—果项目）是国家高速公路网连（云港）至霍（尔果斯）高速公路重要的组成部分，同时也是新疆维吾尔自治区“三横两纵两环八通道”干线公路网的重要组成部分，是交通运输部30个典型示范工程项目之一。赛—果项目全长56.202km（56.168km），起点（K552+314.426）位于赛里木湖三台附近岔口，与G045线博乐岔口—赛里木湖段相接，终于果子沟沟口（K608+516.142）的检查站附近。它起于海拔2071m的赛里木湖畔，与已经建成通车的奎屯—赛里木湖高等级公路相接，终点位于新疆著名的风景区果子沟南沟口，与已经建成的果子沟口—霍尔果斯高速公路相连。

赛—果项目一共有5座隧道：赛里木湖隧道，捷尔得萨依隧道，将军沟隧道，桦木沟隧道，藏银沟隧道。隧道均位于越岭段及沿溪段内，越岭段隧道三座，即赛里木湖隧道，捷尔得萨依隧道，将军沟隧道，均为分离式隧道；沿溪段隧道两座，即桦木沟隧道，藏银沟隧道，前者为分离式隧道，后者为双联拱隧道。

五座隧道冬季路面冰雪融化流入隧道产生涎溜冰；当地下水比较丰富时，会出现渗水，并在冬天产生冻胀。鉴于此况，伊犁公路管理局，经研究本工程的安全、技术特点，收集国内外隧道、高速公路以往发生的重大事件和异常情况的处置过程，根据目前国内设施管理的现状，进行综合仔细分析，提出本专案，以适应隧道深层次管理的需要。

新疆伊犁公路管理局，从设施安全和养护维修的理念、主要任务、管理原则、技术重心、实施途径、隧道重特大事故的防止等方面，设计了五座隧道养护维修方案。在编制过程中力求严谨缜密、高效务实，不辜负社会期望，使一流的设施能得到一流的维修和养护，从根本上确保设施全寿命的运营安全和结构安全。本养护方案分资料篇、养护篇、检测篇、应急篇、管理篇共五篇。

由新疆伊犁公路管理局组建高速公路管理分局来具体实施此项目，任命具有多年高速公路养护运行经验的同志担任该分局局长，组织强有力的现场管理能力的班子，编制合理的养护维修方案，确保本项目的顺利实施。

新疆伊犁公路管理局保证在行业管理部门的检查、指导下，安全、高效、优质、快速、文明地完成隧道养护维修任务，严格遵守各项承诺。

2 编制依据

2.1 考核细则

（1）《高速公路养护与管理办法》；

（2）《高速公路小修保养管理办法》。

2.2 公路施工、养护标准

（1）《公路隧道养护管理工作制度》（2007 年颁布）；

（2）《公路技术状况评定标准》（JTG H20—2007）；

（3）《公路养护技术规范》（JTG H10—2009）；

（4）《公路隧道养护技术规程》（JTG H12—2003）；

（5）《公路工程质量检验评定标准（土建工程）》（JTG F80/1—2004）；

（6）《公路沥青路面施工技术规范》（JTG F40—2004）；

（7）《公路工程施工安全技术规程》（JTJ 076—95）；

（8）《沥青路面施工及验收规范》（GB 50092—96）；

（9）《公路沥青路面养护技术规范》（JTJ 073.2—2001）；

（10）《公路养护安全作业规程》（JTG H30—2004）；

（11）《公路交通安全设施设计规范》（JTG F71—2006）；

（12）《公路工程技术标准》（JTG B01—2003）；

（13）《公路交通标志和标线设置规范》（JTG D82—2009）；

（14）《道路交通标志和标线》（GB 5768—2009）；

（15）其他中国标准（GB）、交通部标准（JT）、原邮电部标准（YDJ）和现信息产业部标准。

2.3 其他维护标准

（1）《公路机电系统维护技术指南》；

（2）《公路工程质量检验评定标准（机电工程）》（JTG F80/2—2004）；

（3）《建筑物电子信息系统防雷技术规范》（GB 50343—2004）；

（4）《高速公路监控、通信、收费、供电和照明系统维护规程》（GLB SZ－18—2001）；

（5）《公路路况信息发布与基础数据库更新实施细则》；

（6）《突发气象灾害预警信号发布试行办法》（中国气象局·2006年）。

3 工程概况

赛—果项目，一共有5座隧道：

（1）赛里木湖隧道：右线长1827m，左线长1802m；

（2）捷尔得萨依隧道：右线长726m，左线长701m；

（3）将军沟隧道：右线长1524m，左线长1450m；

（4）桦木沟隧道：右线长334m，左线长146m；

（5）藏银沟隧道：隧道长134m。

隧道洞内纵坡坡度大（－2.95%）、路面横坡大（最大4%），且最长纵坡达1100m。中、短隧道采用复合式路面，长隧道采用水泥混凝土路面。

上述隧道为长隧道，隧道衬砌表面设置保温层，初支与二衬之间设全包纵向分区防水层，并设置隧底中心排水盲沟；隧道衬砌采用C30、S8（钢筋）混凝土结构，初支喷混凝土采用C25网喷混凝土，抗渗等级大于S6。

4 主要技术标准

（1）公路等级：山岭区、高速公路。

（2）设计速度：80km/h。

（3）隧道建筑限界：

行车道宽度：2×（2×3.75）m，建筑限界高度5m；侧向宽度：$L_{左}$=0.5m，$L_{右}$=0.75m；余宽：0.25m（设检修道或人行道时取消余宽）；双侧检修道：宽×高=0.75m×2.5m；中央分隔带宽度2.0m。

（4）荷载等级：公路—Ⅰ级。

（5）隧道结构安全等级：一级。

（6）隧道防水等级及标准：拱、墙达到二级防水标准，结构不漏水，结构表面有少量、偶见的湿渍；隧道衬砌拱部、边墙、路面、设备箱洞室不渗水；衬砌背后不积水；车行横通道、人行横通道等服务通道拱部不漏水，边墙不淌水。

（7）路面：隧道洞口段设置过渡段，长度300m，与洞外路面保持一致，采用沥青混凝土复合路面。其上面层为4cm厚细粒式沥青混凝土AC-13C；中间层为6cm厚中粒式沥青混凝土AC-20C；下面层为24cm厚C30混凝土，弯拉强度不小于5.0MPa；基层为仰拱填充。隧道洞身段采用水泥混凝土路面，厚度26cm，采用C30混凝土，弯拉强度大于5.0MPa。

（8）地震基本烈度：地震动峰值加速度系数为0.15，地震基本烈度Ⅶ度，隧道洞口明洞及洞口段暗挖衬砌设钢筋混凝土加强段。

（9）路面基本照明亮度：不低于4.5cd/m^2。

5 隧道初始档案

交工验收资料交接是养护管理工作中重要环节，积极参与档案验收，与设计、施工、监理单位和业主方共同进行一次全面、细致的资料检查。检查中，应着重阅读工程技术档案，掌握施工中的设计变更内容、设施设备交接验收记录，分清单件设备和组件设备，产品说明书、质保期书。与此同时，便于养护管理中对一些技术问题进行追溯，并做到规范存档，为网络化管理打好基础。

5.1 隧道线形和关键技术参数

隧道总长占路线总长的百分比：右线 8.08%，左线 7.53%。

5.2 交工验收遗留问题

交工验收遗留问题（略）。

5.3 灾害事故影响分析

5.3.1 自然灾害影响分析

（1）大风对隧道的影响

大风预防管理措施：密切关注气象资讯，利用可变信息板等及时通知过往车辆。在大风期间停止露天活动和高空维修等户外作业；切断户外危险电源，妥善安置易受大风影响的室外物品。大风来临，人员尽可能滞留在防风安全的地方。风后应检查：照明设备是否倾倒，监控摄像头是否松动或脱落等情况。

（2）暴雨对隧道的影响

在隧道正常运营期间发生暴雨以上等级强降雨天气时，对于隧道交通运营的直接影响较小，但主要影响隧道结构。其主要表现在：

①短时间强降雨量超过隧道设计的排水能力，水从防水层损坏处进入隧道衬砌，从而加速混凝土的老化。

②强降雨对隧道洞口前的交通影响，主要是影响驾驶员视线，影响车辆制动性及制动距离；影响隧道监控中心对隧道洞门的实时监控。

预防管理措施：密切关注气象资讯，利用可变信息板等向过往车辆进行通知；停止洞口露天活动和高空维修等户外作业；检查监控摄像头、结构检测设备是否松动或脱落。

（3）冰雪对隧道结构的影响

①汽车在冰雪冻结道路上行驶时车辆可控性差，容易出现滑溜造成追尾、碰撞事故。

②强降雪时能见度降低，极大影响驾驶员在驾驶过程中的视线及反应时间。

预防管理措施：密切关注气象资讯，利用可变信息板等，及时通知过往车辆；检修、加固电力、通信线路设施，配备应急物资，加强巡逻；积雪较快时，应引导疏散通过隧道的车辆，及时清扫洞门前积雪，防止隧道洞门前道路结冰。

检查：监控摄像头、结构检测设备是否松动或脱落。

（4）大风吹雪形成风雪流对隧道的影响

当风速大于雪粒的起动风速（4～5m/s）时，即能吹起积雪，并夹带雪粒，随风急速流动，形成风雪流；在风速或风向发生变化的区域风雪流沉积形成的积雪，能很快地堵塞隧道口。为保证隧道畅通，应使用旋抛式除雪机进行及时清除。

（5）浓雾对隧道的影响

雾天能见度降低，车辆与路面的摩擦系数减小，驾驶员心里紧张，容易造成交通事故，但对隧道的结构安全基本没有影响。

预防管理措施：密切关注气象资讯，利用可变信息板等及时通知过往车辆。能见度非常低时，可要求封闭交通，避免发生交通事故。

（6）地震对隧道的影响

7度及7度以下地震基本不会造成主要构件的损伤，不会对整体结构受力造成影响，不会发生因个别结构损伤造成的人员伤亡。8度地震可能造成衬砌开裂，但不会影响到隧道整体受力或引起隧道整体破坏。9度以上地震可能造成衬砌中等破坏发展，对整个结构影响很大。

预防管理措施：加强采取应急措施的有关准备工作；地震发生后立即封闭隧道入口，密切关注隧道结构安全，指导救灾活动；疏散洞口前的所有车辆。

5.3.2 易燃物、易爆炸物事故影响分析

（1）总体评价

车辆或易燃物燃烧，影响运营时间，可能会引起所在方向车道的堵塞，由于此区域车道数目相对少，在车辆较多的情况下有可能使得车道受影响。人员伤亡基本局限在交通事故车辆中。车道可能会有交通堵塞。

在事故发生过程中对运营影响较大，易造成隧道人员的惶恐引发次生灾害。事故发生后的检测、维修、养护费用较多。

（2）预防措施

日常加强隧道车辆通行监督和管理，尽量避免车辆“带病”进入隧道。

载运爆炸物品、易燃易爆化学物品等危险物品的车辆，禁止在隧道内通行。确需在隧道内通行的，应经公安机关核准并报隧道管理单位备案，按照公安交通管理车辆在隧道内应当按照交通标志、标线、信号所示的车道按规定限速行驶，不得越线、超车、倒车、掉头、逆行或擅自停车；同时，按照有关管理部门指定的时间、路线、速度行驶，并悬挂警示标志，采取必要的安全措施。

隧道养护维修作业期间，车辆应当按照隧道管理单位发布的信息或者养护维修作业单位设置的标志通行，并注意避让养护维修作业车辆和人员。

(3) 管理措施

若事故程度较低，则应迅速组织人员对道路进行疏导，并请相关人员对事故现场进行及时处理。

若事故程度较高、救援时间较久，则须关闭事故发生所在方向车道进行事故处理和救援工作，并在隧道入口处出示可变信息板显示限速。

遇有隧道严重损毁、恶劣气候条件或者重大交通事故等严重影响车辆安全通行的情况，公安交通管理机关可以对隧道实行交通管制。隧道管理单位应当积极配合，及时向通行车辆告知交通管理信息。正在通行的车辆应当服从公安交通管理机关和隧道管理单位人员的指挥，做到有序疏散。

在隧道上方和洞口外100m范围内，不得设加油站、加气站；不得设立易燃易爆仓库和存放危及隧道安全的危险化学品；不得挖砂(沙)、采石、采矿、取土、倾倒废弃物、改造山林；不得进行爆破作业及其他危及隧道附属设施安全的活动。

事故发生后，要对隧道进行安全检测。对受损结构进行评估、分析后，对相关损坏构件进行修缮、更换。若爆炸相对对结构损伤程度较高、风险场景总体水平较高，则须严格加以控制。

5.4 风险评估

(1) 隧道应急响应，主要体现在自然灾害、交通事故、恐怖袭击以及其他类型应急响应等方面，所有风险事态均处于可控制范围状态，没有出现不可接受的情况。

(2) 自然灾害应急响应，需要进行严格控制的是隧道遭遇9度及9度以上地震和浓雾。9度及以上地震体现为结构上的损伤；而浓雾主要引起的是隧道运营和次生灾害交通事故的损失。

(3) 在隧道遭遇其他类型的自然灾害中，发生频率较高的是大风和暴雪，以及冬春季路面冰雪融化流入隧道产生涎溜冰，这些都对隧道交通影响大。

(4) 普通车辆交通事故对隧道结构受力和运营影响比较小，认真落实好常规应急预案即可。

(5) 为保证隧道路面的正常运营，应保证清障车的使用正常和及时。

(6) 易燃易爆品、危险品车辆交通事故对结构影响较大。若火灾持续时间较长，则会影响到整个结构的安全。

(7) 当隧道内发生汽车及炸弹爆炸事件、油罐车纵火事件，对隧道结构影响较大，甚至不能保证整个结构的安全运营，故将隧道消防应急响应作为风险管理的首要任务，并进行定期检查。对隧道发生汽车、炸弹爆炸事件和油罐车纵火事件的区域，必须进行重点关注。

第二篇 养护篇

赛—果项目的5座隧道位于山岭重丘区，地形起伏大，坡陡，沟壑纵横，地势险峻，施工场地狭窄，构造运动强烈，地震动峰值加速度0.15g。赛—果项目所面临的当地气候条件恶劣，年平均气温3.0~4.0℃，最低月平均气温约-14℃，最高月平均气温约13℃。隧道所在高寒山区昼夜及春夏气温相差很大，冬季漫长，气温严寒，极端最低气温为-42.6℃，设计基本风速为30.9m/s；沿线自然病害多、地理环境险、地质情况复杂、气候多变、技术难度大、环保要求高。自然病害主要表现为：崩塌落石、坡面滑塌、泥石流、滑坡、雪崩、地震活动等，给运营及交通安全带来诸多不安全因素。

隧道结构体系较为复杂，使用过程中可能遭受的风险事态复杂，管理养护程序复杂、难度高。故须对隧道运营期间的各种可能发生的风险事态进行全面、深入的分析，并对隧道正常运营、人员伤亡、结构安全、正常管养的影响进行全面、合理的评估；研究制订运营阶段管理策略、紧急事件应急预案及养护要点；降低风险事态管理次生灾害或日常养护不到位造成的不必要损失。从而提高隧道运营管养水平、提高安全保证程度、降低寿命周期管养成本。

隧道养护，应以创精品养护为目标，贯彻“预防为主、防治结合”的方针，加强隧道的日常性、周期性检查和养护维修工作，建立、健全隧道技术档案。为达到以上技术目的，须具备识别典型病害的能力，依据可能发生的病害制订符合实际的养护维修措施，使隧道及其附属设施处于良好的技术状态。

1 运营养护期典型病害的识别

隧道在生命周期内可能遭受各种病害，威胁并影响隧道的使用。因此，在管理养护研究过程中，首先以隧道结构及机电设施为研究对象，分析其典型病害及成因。

1.1 结构病害

1.1.1 洞口病害

边（仰）坡有危石、积水、积雪；洞口有挂冰；边沟有淤塞；构造物有开裂、倾斜、沉陷等。

1.1.2 洞门病害

结构开裂、倾斜、沉陷、错台、起层、剥落；渗漏水（挂冰）。

1.1.3 衬砌病害

结构裂缝、错台、起层、剥落；（施工缝）渗漏水；挂冰、冰柱。

1.1.4 隧道路面病害

落物、油污；滞水或结冰；路面拱起、坑洞、开裂、错台等。

1.1.5 检修道病害

结构破损；盖板缺损；栏杆变形、损坏。

1.1.6 排水设施病害

破损、堵塞、积水、结冰。

1.1.7 吊顶病害

变形、破损、漏水（挂冰）。

1.1.8 内装病害

脏污、变形、破损。

1.2 供配电设施病害

（1）高压断路器柜

①断路器触头、真空泡：触头有烧损，接触不紧密，动静触点中心不相对；触头或真空泡损坏。

②“五防”功能：在断路器处于分闸位置时，手车不能抽出和插入；在手车处于不同位置时一次、二次回路不正常；断路器与接地开关的机械联锁不正常；柜后的上、下门联锁不正常；仪表板上带钥匙的控制开关（或防误型插座）不正常。

③穿墙套管：有破损。

④排气通道：有堵塞。

⑤二次端子：有污染松动。

⑥线圈：绝缘不良好。

⑦分合闸试验：分、合闸不能正常进行；电磁式弹簧操纵机构有卡塞，不正常。

⑧运行：电气整定值不满足电力系统要求；保护装置不能与中央信号系统协调配合。

（2）高压互感器与避雷器柜

①高压互感器：有污染、裂痕、绝缘不良好。

②避雷器：避雷器外观有损伤；有放电痕迹；接地装置有腐蚀，接地电阻是大于10Ω；预防性试验不合格。

（3）高压计量柜

①电流互感器：有污染、损伤、绝缘不良好。

②计量仪器：计量仪表有污染、计量不准确。

（4）高压隔离开关和负荷开关

①触头：有污染、损伤；接触不紧密；灭弧装置烧损。

②操动机构：有污染；有卡塞现象，转动不灵活。

③高压熔断器：外观有污染、烧伤痕迹；熔断丝熔断。

(5) 电力变压器

有污染、漏油、油量不足够；有异常声响和过热；噪声不符合要求；内部线圈直流电阻不符合国家相关规定；内部相间、线间及对地绝缘不符合要求；铭牌有污染；绝缘套管有污染及裂痕；接线端子有污染、松动；变压器油耐压测试不合格。

(6) 电力电容器柜

①电力电容器：外观有污染、接头有松动；有漏油、过热、膨胀现象；绝缘不正常，有击穿现象。

②接触器：有机械卡塞，噪声不符合要求；线圈直流电阻不符合生产厂家要求；触头有烧损痕迹，闭合不紧密，动静触头不是中心相对；不能正常动作；引线接头有污染、松动。

③控制器：不能正常工作。

④熔断器：有烧伤痕迹；电熔丝不完好。

⑤仪表：外表有污染；仪表不能正常显示。

(7) 低压开关柜

①断路器：外观有污染、裂痕；触头有烧伤、接触不紧密；有明显的噪声；脱扣器不正常；绝缘不良好；整定值不能满足系统保护要求；引线接头有污染、松动。

②接触器：有机械卡塞，噪声不符合要求；线圈直流电阻不符合生产厂家要求；触头有烧损痕迹，闭合不紧密，动静触头不是中心相对；不能正常动作；引线接头有污染、松动。

③熔断器：有烧伤痕迹；电熔丝不完好。

④仪表：外表有污染；仪表不能正常显示。

⑤热继电器：继电器外壳不清洁、不完整，嵌接不好；外壳与底座接合不是紧密牢固、防尘密封不良好、安装不端正；热元件烧毁；进、出线头脱落；接线螺钉没有拧紧；触头烧坏或动触头杆的弹性消失；双金属片变形；动作机构卡死；继电器内不清洁；整定把手不能可靠固定在整定位置；触点固定不牢固；整定值动作值与整定值误差

超过13%。

⑥互感器：有污染；绝缘不良好；外部接线断开。

⑦二次回路及继电器：端子排有污染、接线松动。

⑧转换开关：转换开关外壳不清洁、不完整，嵌接不良好；外壳与底座接合不紧密牢固、防尘密封不良好、安装不端正；转换开关端子接线不牢固可靠；构件磨损、损坏；转换开关端子有锈蚀；手柄转动后，静触头和动触头不同时分合；转换开关可动部分不灵活，旋转定位不可靠、准确；开关接线柱相间短路；控制没有达到要求；各部件的安装不完好、螺钉没有拧紧、焊头不牢固可靠。

（8）配电箱、插座箱、控制箱

①断路器：外观有污染、裂痕；触头有烧伤、接触不紧密；有明显的噪声；脱扣器不正常；绝缘不良好；整定值不能满足系统保护要求；引线接头有污染、松动。

②接触器：有机械卡塞，噪声不符合要求；线圈直流电阻不符合生产厂家要求；触头有烧损痕迹，闭合不紧密，动静触头不是中心相对；不能正常动作；引线接头有污染、松动。

③熔断器：有烧伤痕迹；电熔丝不完好。

④二次回路及继电器：端子排有污染、接线松动。

⑤转换开关：转换开关外壳不清洁、不完整，嵌接不良好；外壳与底座接合不紧密牢固、防尘密封不良好、安装不端正；转换开关端子接线不牢固可靠；构件磨损、损坏；转换开关端子有锈蚀；手柄转动后，静触头和动触头不同时分合；转换开关可动部分不灵活，旋转定位不可靠、准确；开关接线柱相间短路；控制没有达到要求；各部件的安装不完好、螺钉没有拧紧、焊头不牢固可靠。

⑥箱体：接地不良。

⑦照明控制箱：可编控制程序不正确；自动集控手动操作不正确。

⑧风机启动及控制柜：有腐蚀及积水；接触不良好。

（9）电力电缆

外表有损伤；电缆线间、相间和对地绝缘不正常；电缆工作温度不正常；接头处不正常，有烧焦痕迹；电缆沟不干净，有杂物垃圾，有积水、积油，盖板不完整。

（10）电缆托架及支架

外表有变形，断开；有腐蚀；接地不良好。

（11）接地装置

有腐蚀；接地电阻不正常。

（12）变电所铁构件

有腐蚀。

（13）直流电源、UPS 电源

①微机继电保护装置：新安装的保护装置未全部检验。

②箱体：接地不良好。

③电池组：外观有污染损伤，电池的电解液不正常，温度不正常；电池的电压不正常；电池的绝缘不正常。

④充电机及浮充电机：输出直流电压、电流不正常；整流装置不正常。

（14）继电器屏

①继电器：外壳不清洁、不完整，嵌接不良好；外壳与底座接合不紧密牢固，防尘密封不良好、安装不端正。

继电器端子接线不牢固可靠；继电器内不清洁；继电器可动部分动作不灵活、转轴的横向和纵向活动范围不适当；各部件的安装不完好、螺钉没有拧紧、焊头不牢固可靠；整定把手不能可靠固定在整定位置；整定孔接触不完好；弹簧有变形，层间距离不均匀；触点固定不牢固，有折伤和烧损，常开触点闭合后没有足够压力，常闭触点的接触不紧密可靠，动静触点接触时不中心相对；对具有多对触点的继电器，各对触点的接触时间不符合要求；时间继电器的钟表机构及可动系统在前进和后退过程中运作不灵活，触点闭合不可靠；继电器底座端子板上接线螺钉的压接不紧固可靠，相邻端子的接线鼻子之间没有一定距离。

保护接线回路绝缘电阻小于1mΩ；继电器经解体后，测定绝缘电阻，全部端子对底座和磁导体的绝缘电阻小于50mΩ；各线圈对触点及各触点间的绝缘电阻小于50mΩ；各线圈间的绝缘电阻是否小于10mΩ；具有几个线圈的中间电磁继电器未测各线圈的绝缘电阻；继电器解体检修后，未进行50Hz交流电压历时1min耐压试验。无耐压试验设备时，允许用2500V摇表测定绝缘电阻来代替交流耐压试验，所测定绝缘电阻小于20mΩ。

继电器内辅助电气元件如电容器、电阻、半导体元件等，只有在发现电气特性不能满足要求，而又需要对上述元件进行检查时，未核对其铭牌标称值或通电实测。对个别重要辅助电气元件有必要通电实测时，未按有关规定进行检查。

仔细观察继电器触点的动作情况，除发现有抖动、接触不良等现象要及时处理外，未结合保护装置整组试验。

②电流及电压继电器：返回系数应不满足下列要求：过流继电器返回系数不小于0.85，当大于0.9时应注意触点压力，过电压继电器不小于0.85，低压继电器不大于1.2。

③时间继电器：动作电压大于额定电压的70%，返回电压大于5%额定电压；在整定位置，于额定电压下测量动作时间三次，每次测量值与整定值误差不应超过0.07s。

④中间继电器：线圈直流电阻检查，其实测值与制造规定值误差大于±10%；动作值、返回值及保持值检验动作电压大于70%额定电压，动作电流大于铭牌上额定电流，出口中间继电器动作电压未为其额定电压的50%~70%；返回电压小于其额定电压的5%，返回电流小于额定值的2%；具有保持线圈的继电器的保持电流大于其额定电流的80%，保持电压大于其额定电压的15%，线圈的材料及性能与厂家标注不相符；在现场检验继电器动作值、返回值和保持值时均未与

实际回路中串联和并联电阻元件一起进行；在额定电压下，测定具有延时返回的中间继电器的返回时间，对于经常通电的延时返回的中间继电器未在热状态下测其返回时间。

⑤直流冲击继电器：中间继电器动作电压大于额定电压的70%，返回电压小于额定电压的5%；继电器动作后，在返回电路加90% ~ 110%额定电压时不能可靠返回。

(15) 自备发电设备

①负荷运行时间30min以上：预热的情况不正常；各部分温度情况不正常；各机械的动作状态不灵活；自动调节励磁不正常，响应时间不正常。

②柴油发动机：外观有污染、损伤；计量表有异常、漏油、漏水；各部位有松动。

③发电机：外观有污染、损伤；未给轴承加油；电刷的接触状态不良及磨损情况严重。

④接线：连接不可靠；绝缘不正常；温度不正常。

⑤启动装置：外观有污染、损伤；计量表不正常；有异响、振动；各部位有污染、损伤，油量不正常，有变形、松动；未更换润滑油；附属装置不正常；直流电动机不满足启动要求；直流电动机不正常。

⑥燃油装置：外观有污染、损伤；有漏油；泵的运行状态不正常；燃料过滤器的手动操作不可靠；油位计及漏油开关的动作状态不良；未给轴承部位加油；储油槽的排水泵不通畅；各部分有松动。

⑦润滑油装置：外观有污染、损伤；燃料过滤器手动操作不正常；泵的运行状态有异常；油的黏度不正常；保温装置的运行状态有异常；未除渣、放水。

⑧冷却塔方式冷却装置：外观有污染、损伤；冷却水量、水温不正常，有漏水；运行状态不良；浮球阀的工作状态不正常；未给轴承部位加油。

⑨散热器方式冷却装置：外观有污染、损伤；冷却水量、水温不正常，有漏水；风扇工作状态不正常；压力栓的工作状态不正常。

⑩空气净化器或换气扇：外观有污染、损伤；工作状况有异常；排气颜色有异常；排气管、支撑接头有裂纹、腐蚀；空气净化器有污染。

⑪减振装置：减振橡胶、锚具螺栓有变形损伤。

⑫控制台：外观有污染、损伤；计量仪表、显示灯、故障显示器有异常；操作开关、继电器、电磁开关、配线断路器等有异常；盘内配线有异常，有污染、损伤、过热、松动、断线；运行时间计量不正常。

⑬配线管：各接头有松动。

⑭接地线：有断线，连接部位状态、接地电阻不正常。

1.3 照明设施病害

（1）隧道灯具

电压不稳定，灯的亮度不正常；引入线未检查，电磁接触器、配电盘有积水；开关装置定时的准确性与动作状态有异常；脱漆部位补漆及灯具未修理更换；补偿电容器、触发器、镇流器、金属器有损坏。

各安装部位有松动、腐蚀。

灯具内有尘埃、积水、密封条已老化。

检修孔、手孔有积水。

清洁后进行照度测试，不满足设计指标。

（2）标志及信号灯

指示灯的损坏未更换；灯具的清洁与维护不良；灯的亮度不正常；设置状态有误。

（3）洞外路灯

①灯杆：外观有裂纹，焊接及连接部位状况不良；有损伤及涂装

破坏；接地端子有松动。

②基础：设置状况不稳定；有开裂、损伤；锚具、螺栓有生锈、松动。

③灯体：有损坏，亮度目测不正常；灯具不清洁。

（4）照度计

动作状态有误；感光部的清洁维护不良；安装有松动等。

照明线路：回路工作不正常；有腐蚀及损伤；托架有松动及损伤；未对地绝缘检查。

1.4 通风设施病害

（1）轴流风机及离心风机

运转状态有异响和异常振动；各计量仪器、仪表读数不正确；基础螺栓及连接螺栓的状态有异常；轴承温度、油温、油压有异常；振动测试有异常；逆转 1h 以上的工作状况有异常。

①减速机：油量不正常；有异响、油温不正常；未更换油脂。

②润滑油冷却装置：配管、冷却器、交换器、循环泵的状态不良；转中有振动、异响、过热现象。

③气流调节装置：动作状态有异常；内翼有损伤、裂纹；密封材料状态不良。

④动翼、静翼及叶轮：翼面有损伤、剥离；焊接部有损伤。

⑤导流叶片及异型管：有生锈，涂装剥离、螺母松动。

⑥驱动轴：接头、齿轮润滑状态有异常；传动轴的振动与轴承温度有异常；未加油脂。

⑦电动机：运转中有异响、振动、过热；连接部的工作状态不良。

⑧消音器：未清扫消音器内壁灰尘。

（2）射流风机

风机运转过程中有异响；风机运转时电流值不在额定值内；风机反转不正常；各安装部位有松动、腐蚀。

①叶片：叶片有损伤与裂纹、叶片未清洁；叶片与机壳有摩擦；叶片涂装有剥离。

②电动机：转动轴有振动、异响、过热；运行中的电动机温升不正常。

③气流调节装置：动作状态有异常；内翼有损伤、裂纹；密封材料状态不良。

1.5 消防与救援设施病害

（1）火灾报警器

①火灾传感器：感应部未清洁。

②手动报警器按钮：报警信号及传输测试不良。

（2）消火栓及灭火器

有漏水、腐蚀、软管损伤；未确认灭火器的数量及其有效期；灭火器腐蚀情况，有失效；消火栓的使用与防漏未检查；寒冷地区消防管道的防冻检修不良。

（3）自动阀

外观检查、有漏水、腐蚀；操作试验不正常；保温装置的状况不良。

（4）泵

运转时有异响、振动、过热，压力上升时闸阀的动作不正常；外观有污染与损伤；轴承部位加油与排气未检查；启动试验与自动阀未同时进行。

（5）电动机

运转时有异响、振动、过热；外观有污染、损伤；各连接部位情况不良。

（6）配水管

有漏水，闸阀操作不灵活；管支架有腐蚀、松动；洞外及隧道内水管未防冻；管过滤器未清洗。

(7) 横通道门

不能开关自如。

(8) 紧急停车带

有障碍物。

(9) 水池

有渗漏水；水位不正常及水位计不完好；泄水孔不通畅；水池未清洁；寒冷地区保温防冻检查不到位。

(10) 紧急电话

外观有污染、损伤；通话效果试验不良；测定输入输出电流不良；强制切断试验不良。

(11) 引导设施

有污染、损伤。

1.6 监控设施病害

(1) 烟雾浓度探测仪

①感光单元：外观有污染、损伤；聚焦镜防护罩未全面检查清洁。

②记录仪：记录状态不清；未补充油墨、记录纸。

③监控单元：外观有污染、损伤；未调整工作状态、透过率指标；计量仪、显示器、故障显示灯不正常；操作开关、继电器、电磁开关、配线断路器不正常；配线有异常、污染、损伤、过热、松动、断线等；未清扫。

(2) CO 检测仪

①分析仪及自动校正装置：未确认分析仪的指示值是否正确；空气过滤器有污染；未确认除湿装置的功能；未确认自动校正装置的功能；未检查通风装置的功能。

②吸气装置：吸气泵的运转有异响、过热、振动；外观有污染、损伤；查检测仪读数有异常。

③记录仪：记录状态不清；未补充油墨、记录纸。

④采气口：隧道采气口过滤器未清洁与更换。

⑤控制单元：外观有污染、损伤；未调整工作状态、透过率指标；计量仪、显示器、故障显示灯不正常；操作开关、继电器、电磁开关、配线断路器不正常；配线有异常、污染、损伤、过热、松动、断线等；未清扫。

（3）交通量检测仪

外观有污染、损伤；检查动作及调整灵敏度不良；安装状态不良。

①控制单元：外观有污染、损伤；各种测量数据不可靠度；测量仪、显示器、故障显示灯有异常；电子线路板、继电器的安装状态不良；盘内配线有损伤、过热、松动、断线；未清扫。

②记录仪：记录状态不清；未补充油墨、记录纸。

（4）车高仪

①检测单元：外观有污染、损伤；未确认工作是否正常；未调整光轴；未确认设定高度。

②控制单元：外观有污染、损伤；工作状态不良；测量仪、显示灯有异常；配电部分未检查。

（5）电视监控设施

①摄像机：外观有污染、损伤；动作未确认；防护罩的清洁不良；未调整聚焦及焦距。

②安装部位：有松动、锈蚀。

③控制装置：外观有污染、损伤；操作不灵敏、正常；设备未清洁；机内未保养。

④传送装置：外观检查有油污、损伤；电压、电流测量不良；未测定传送水平。

⑤操作台：外观有污染、损伤；功能不正常。

⑥监视器：外观有污染、损伤；未除尘；图像不清晰、稳定。

⑦录像机：走带（硬盘式录像机）及录像质量测试欠佳。

（6）播音设施

①中波播音装置：行车接听试验不良；外观有污染、损伤；电压及输出功率测定不良；调制输入未确认；设备未清洁。

②扩音装置：外观有污染、损伤；电压、电流测量不良；未确认输出功率；设备不清洁。

③操作平台：外观有污染、损伤；紧急播音试验不良。

④话筒：外观不合格；紧急播音试验不良。

⑤扩音器：安装状态检测不良；接听试验不良。

⑥空中线路：有腐蚀、损伤。

（7）可变信息板

外观检查不良；未检查自动闭合器的动作；配线断路器、电磁接触器、变压器等有异常；显示板及继电器的安装状态不良；接发信号水平测定不良；各接线端子已松动；未更换坏灯。

（8）计算机主控系统

各部位未检查、清洁、加油；各部位的电压、电流未检查；病毒未清除；系统启动的动作未确认；线路板未检查、清扫；打印设备状况检查不良；磁带存储设备的动作未检查；系统的开机检查与维护不良。

（9）中控室

温、湿度及清洁未检查；地板抗静电检查不良。

1.7　环保设施病害

环保设施包括洞口范围内的绿化、消音设施、污水处理设施、洞口雕塑等。

（1）隧道洞口绿化与植被应与周围环境协调，绿化工程应符合以下要求：及时对树木修剪培育，树木透光适度、通风良好、减少病虫害的发生；草皮宜适时修剪、保持美观。但检查结果是未达到上述要求。

(2) 隧道内没有每月清洗、擦拭消音设施上的污秽；消音设施损坏部分也没有及时修复或更换。

(3) 隧道污水处理设施的养护应符合以下要求：水处理池和净化池不渗漏，如发现渗漏应查明原因及时处治；水处理池和净化池沉积的泥沙、杂物，应适时清除。但检查结果是未达到上述要求。

1.8 交通安全设施病害

交通安全设施病害主要为磨损性病害，一般和温度、湿度等条件有关。另一主要病害产生原因为交通事故及自然灾害，造成相关设施损坏、断裂等。

1.9 交通标志、标线病害

(1) 交通标志、标线组成

交通标志包括：警告标志、禁令标志、指示标志、指路标志等主标志和为表示时间、车辆种类、区域或距离、警告、禁令理由等起辅助说明作用的辅助标志及其他标志；交通标线包括：路面标线、箭头、文字、立面标记、突起路标和路边线轮廓标等。

(2) 可能病害及成因

交通标志、标线主要为磨损性病害，与温度、湿度和养护方法有关。

经上述分析可知，隧道各个构件结构复杂，可能病害多。面对整个生命周期内的日常运营以及可能发生的各种风险事态，需要制定不同的管理养护策略。下面将就管理养护分为日常运营和风险事态下运营两个部分分别加以表述。

2 运营养护基本要求

保持各部位设施完善、结构完好，处于正常工作状态；表面整洁，行车顺畅、舒适，排水畅通。其具体要求见表2-1。

各构件养护基本要求 表2-1

养护构件	养护基本要求
洞口	边（仰）坡无危石、积水、积雪；洞口无挂冰； 边沟无淤塞； 构造物无开裂、倾斜、沉陷等
洞门	结构无开裂、倾斜、沉陷、错台、起层、剥落； 无渗漏水（挂冰）
衬砌	结构无裂缝、错台、起层、剥落； （施工缝）无渗漏水；无挂冰、冰柱
隧道路面	无落物、油污；无滞水或结冰； 路面无拱起、坑洞、开裂、错台等
检修道	结构无破损；盖板无缺损；栏杆无变形、损坏
排水设施	无破损、堵塞、积水、结冰
吊顶	无变形、破损、漏水（挂冰）
内装	无脏污、变形、破损
供配电设施	齐全，工作正常
照明设施	齐全，工作正常
通风设施	齐全，工作正常
监控设施	齐全，工作正常
环保设施	齐全，工作正常
交通安全设施	无缺失
交通标志标线	无损伤、变形、剥落、严重磨损、缺失等

3 运营养护工程分类

根据《公路养护技术规范》（JTG H10—2009）对高速公路养护工程分类的原则，结合隧道维护管理内容和特点，将日常养护工程划分为四类（见表2-2），以便维护计划的编制与考核。

日常养护分类 表2-2

养护类型	养护定义
维护保养工程	为保持隧道及其附属设施经常性地处于良好使用状态而进行的日常维护和检查或一次性维修费用5万元以下的单项维修项目。维修养护是对隧道及其附属设施进行预防性保养和轻微损坏部分修补，使之经常性保持完好状态
专项工程	隧道及其附属设施的一般性磨损和局部损坏，一次性维修费用在5万元以上的修理、加固和更新工程
大修工程	隧道及其附属设施已达到服务周期而必须进行的应急性、预防性、周期性的综合修理，以保证其正常使用
改善工程	对隧道及其附属工程设施因不适应交通量和载重需要等原因而提高其技术等级，或通过改善显著提高其通行能力的较大工程项目

4 巡查与检查分类

日常养护过程中，需要建立合理的巡查与检查制度，针对巡查对象，将日常检查分为日巡查、夜间巡查和结构检查三项内容。结构检查又分为经常检查、定期检查和特殊检查。

4.1 日巡查

（1）主要内容

①巡视隧道路面及其排水设施、交通安全设施的完好程度；

②巡视衬砌等设施的状况；

③检查并清除隧道路面污染和路障；

④检查养护作业进展情况和安全状况。

（2）巡查频率

每周不少于一次（如果遇上严重雨雪天气就改为特殊检查）。

（3）巡查方法

每日3~5人，穿戴反光背心，进入隧道巡查，控制车速40km/h；必要时停车检查，注意掌握隧道技术状况的变化情况，并填写日巡查记录表。发现隧道路面有坑槽等影响行车安全的病害，应尽快采取安全疏导措施。

4.2 夜间巡查

主要巡查标志、标线、轮廓标等处的反光情况和完好状况，以及隧道的夜间照明情况。巡查频率每月不少于四次。并填写夜间巡查记录表。

4.3 结构检查

结构检查分经常检查、定期检查和特殊检查。

通过对隧道各组成部分的日巡查和定期检查，建立、健全隧道结构的技术档案；发现病害及时登记并查明原因，分析、制定养护对策与方案，采取有效措施进行修复或加固，消除病害根源。

巡视和检查工作应结合日常养护完成。结构检查若遇工作量大无法如期完成或需要具备特定的专业知识和能力方能胜任的检查项目，则择优选择或委托设计、科研、专业检测单位承担。结构检查的具体内容将在本专案的第三篇——检测篇中详细说明。

5 巡查安排

巡视人员应穿着统一工作服和反光背心，带齐随身用品；接班人员应向交班人员了解工作情况，查看“巡检工作日志”和“车辆设备运转记录”；出发前进行班前小会，布置当班工作要点和注意安全事项，进行车辆检查，检查车辆外观及车内清洁情况，了解车辆水、电、油情况，掌握轮胎压力、制动力和机械运转状态，测试车辆灯光、警示灯、箭头导向灯、警报器及车内电器设备运转情况，填写“机动车运转记录”；出发前对使用设备进行检查，检查数码相机、无线对讲机、卷尺、日常巡检记录表、事故现场勘察取证表等。上路巡视前报告监控中心，巡视人员按各段巡视路线图进行巡视；巡视结束后，报告监控中心本次巡视完毕；巡视员将巡视过程发现的情况（设施故障和损坏、重大问题或突发事件），填写“正常/异常情况记录表”交监控中心；监控中心负责汇总后，转报养护部门，由养护部门下发任务维修单给各道班，各道班组织维修任务的实施；每天至少对隧道管养范围各段巡视一次；巡视人员必须执行值班长下达的应急事件处理指令；监控中心抽查巡视人员工作状况，做好记录，以备月度考核其工作质量。

5.1 巡视的内容

（1）巡视人员必须及时、正确地掌握设施的完好状况，并认真做好巡检记录：

①隧道路面有无裂缝、坑槽、拥包、车辙。

②排水系统有无堵塞和缺损。

③衬砌结构有无裂缝、错台、起层、剥落；（施工缝）有无渗漏水；有无挂冰、冰柱。

④交通标志、标牌、标线等设施有无缺损。

⑤洞门结构有无开裂、倾斜、沉陷、错台、起层、剥落；有无渗漏水（挂冰）。

⑥洞口边（仰）坡有无危石、积水、积雪；洞口有无挂冰；边沟有无淤塞；构造物有无开裂、倾斜、沉陷等。

⑦吊顶有无变形、破损、漏水（挂冰）。

⑧检修道结构有无破损；盖板有无缺损；栏杆有无变形、损坏。

⑨内装有无脏污、变形、破损。

（2）巡视人员应及时掌握隧道通车环境保洁情况，隧道路面是否有障碍物。

（3）巡视人员应及时掌握当天作业情况，安全措施是否到位，作业人员是否规范作业；对养护作业不规范或安全措施不到位情况及时进行督导并认真做好记录。

（4）当恶劣天气时要加强巡视力度和及时调整巡视频率，必要时开展针对设施的特殊巡视工作。巡视中遇特殊情况，巡视人员应立即报值班室，并服从值班室指挥调度。

（5）正常巡视作业车速应控制在 40km/h 以内。在巡视中发现异常情况，巡视作业车应在紧急停车道内行驶，车速应控制在 10～20km/h 以内。

5.2 领导巡视

由公路管理局领导每月对设施进行 1～2 次巡视检查。巡视内容主要是养护质量、设施运营状况；也可以根据实际情况决定。

6 经常性检查和养护

经常性检查是指专职隧道管理人员或有经验的工程技术人员对隧道及其隧道区域内养护施工作业情况，以及隧道设施结构异常情况进行经常性的检查；以及对隧道路面、交通标志、限载标志及其他附属设施等外观情况进行经常性的检查。通过检查，随时发现问题，制订维修方案，实时进行维修。经常性检查是针对明显缺陷的检查，以隧道各个部位表面的检查为主。

6.1 经常性检查的方法、频率概述

经常性检查采用目测的方法，或配以简单工具进行测量。它和小修保养工作结合进行。经常性检查每月不得少于一次。对检查中发现重要部（构）件明显达到三至五类技术状况的隧道，应立即安排定期检查。若衬砌技术状况较差且缺损发展较快，则应缩短检查周期。

经常性检查应当场填写“隧道经常性检查记录表”（见表2-3）。登记所检查项目的缺损类型、估计缺损范围及养护工作量，提出相应的小修保养措施，并编制有关计划，由养护部门实施。对缺损情况的记录和描述可结合摄影或录像进行，并作为记录资料保存。

经常性检查记录表 表2-3

检查时间： 气温：

检查项目		检查部位	
评定标准			
缺陷描述			
处理意见			
备 注			

检查人： 负责人：

6.2 一般检查的项目

（1）外观是否整洁，有无杂物堆积。构件表面的涂装层是否完好，有无损坏、老化变色、开裂、起皮、剥落、锈迹等。

（2）路面是否平整，有无裂缝、局部坑槽、积水、沉陷、波浪、碎边等。

（3）排水设施是否良好，泄水管是否堵塞和破损。

（4）洞门结构有无开裂、倾斜、沉陷、错台、起层、剥落；有无渗漏水（挂冰）。

（5）洞口边（仰）坡有无危石、积水、积雪；洞口有无挂冰；边沟有无淤塞；构造物有无开裂、倾斜、沉陷等。

（6）检修道结构有无破损；盖板有无缺损；栏杆有无变形、损坏。

（7）内装有无脏污、变形、破损。

（8）交通信号、照明设施、监控设施以及隧道其他附属设施是否完好；连接部件有无松动、脱落、局部破损；螺栓孔有无渗水、漏水等。

(9) 标志、标线：标志牌的油漆及反光材料是否有褪色、剥落情况。反光标志的反射性能有无缺损。基础有无裂纹。路面标线是否有污秽、磨损、脱落的现象。突起路标的反射性能有无缺损。轮廓标有无污秽和遮蔽，有无变形、损坏。

6.3 重点检查的项目

(1) 隧道路面是否有坑槽、开裂。

(2) 吊顶有无变形、破损、漏水（挂冰）。

(3) 衬砌结构有无裂缝、错台、起层、剥落；（施工缝）有无渗漏水；有无挂冰、冰柱。

(4) 供养护检修的照明系统是否完好。

(5) 隧道的路用通信、供电线路及设备是否完好。

7 运营养护内容

运营养护内容主要分为以下5部分：

(1) 维护保养工程。包括保洁作业、除冰雪作业、结构养护、混凝土结构养护、附属结构的养护。

(2) 专项工程。

(3) 大修工程。

(4) 改善工程。

(5) 预防性保养和修补。

7.1 保洁作业

(1) 路面保洁

①路面清扫保洁的对象、方法及要求。

清扫保洁对象主要有：隧道检修道，隧道路面；冬季除雪范围主要是洞门。

日常清扫保洁采取机械清扫与人工保洁相结合的方法。清扫车保证每周全面清扫两个来回；保洁车人工拾捡垃圾必须保证每天一个来回。

隧道路面要求无砂石、无大块油污及其他废弃垃圾。

②清扫方案及路线。

两辆一般清洗车、一辆多功能清洗车停放隧道养护道班。所有作业车辆均配置 GPS 全球定位系统，以实现管理部门远程对作业道路、车速的监控管理。所有养护道班清扫车在上路清扫时间段内，考虑到慢车道丢弃物和垃圾较多，先以道路慢车道清扫为主、快车道为辅，保证全线道路慢车道、快车道清扫全覆盖一次；如遇特殊保洁情况，另行增加清扫作业频率。

③特殊清扫内容。

除了定期的清扫作业外，还应根据路面污染的特殊情况，及时进行不定期的特殊清扫保洁作业。隧道路面上有妨碍正常交通的杂物时，应立即调动工程车来清除，以确保行车安全。

意外事件、事故等因素造成隧道路面污染时，应及时清扫，以保持隧道路面整洁。沥青隧道路面被油类物质或化学物品污染时，应先撒砂和木屑或用化学中和剂处理，然后进行清扫；必要时调动洒水车用水冲洗干净。

（2）洞门保洁

对洞门沾污严重处采用高压冲水车专门冲洗。对于部分流量高、污染严重的路段，要根据实际情况调整保洁频率；采用高压冲水车冲洗并进行保洁。

（3）排水设施保洁

对进水口采用人工清捞的方法，确保进水口清洁。

对隧道排水系统用高压冲水车进行重点冲洗，以解决黄泥带的问题。

排水立管、涵雨管等排水设施，畅通与否，直接影响设施的运行，尤其是暴雨季节，要加强对待排水设施的清洁工作。计划每月一次对排水立管、涵雨管进行冲洗保洁，作业可结合其他养护工作一同进行；也可安排采取封闭局部车道的方式进行。

隧道保洁的标准及要求，如表 2-4 所示。

隧道保洁的标准及要求 表 2-4

类别	序号	项 目	内 容	标准/要求	应用规范
结构	1	路面	清扫	无积尘、无杂物堆积	《公路隧道养护技术规程》(JIGHJ 12—2003)
			捡拾隧道路面抛撒物	无大块废弃物	
			黄泥带冲洗	雨后 24h 保证隧道路面无黄泥带	
			检修通道	无积尘、无杂物堆积	
	2	洞口	防撞墙内侧冲洗	无危石、积水、积雪；边沟无淤泥	
	3	洞门	保洁	无渗漏水（挂冰）	
	4	排水系统	冲洗进水口	无淤塞、无杂物	
	5	衬砌	保洁	无积尘，无渗漏水（挂冰）	
	6	吊顶	外部除尘	无积尘、无污染	
	7	内装	保洁	无脏污	
附属设施	8	里程牌	保洁	表面无污染、无积灰	《道路交通标志和标线规范》(GB 5768—1999)
	9	标志牌	保洁	表面清洁、无积灰	
	10	诱导标志	保洁	表面清洁、无积灰	

7.2 除冰雪作业

为了保证冬季大雪天气道路的正常运行，必须提前做好如下除雪准备工作。

(1) 除雪机械设备、材料的准备：在冬季来临之前，必须将除雪机械设备维修好，并储备必要的融雪剂、防滑料。每次除雪后，应立即对除雪机械设备进行保养、修理，以备下次使用。

（2）为有效地进行冬季除雪作业，应将洞门等予以整修，以便除雪机械能充分发挥作用。

（3）必须提前做好人员组织工作，除雪任务分段到班组，重点区段加强人力。隧道洞门易积雪、积冰，应首先采取除雪、除冰和防滑措施。

7.3 结构养护

7.3.1 结构养护的检查

（1）经常性检查

①隧道衬砌有无锈蚀、脱焊、松动或缺损。

②隧道各类标志、通信、照明、监控、排风是否完好，有无缺损。

③排水设施有无破损、堵塞、漏水（挂冰）。

④隧道路面有无落物、油污、滞水或挂冰；路面有无拱起、坑洞、开裂。

⑤检修道有无结构破损；盖板有无缺损；栏杆有无变形、损坏。

⑥吊顶有无变形、破损、漏水（挂冰）。

⑦内装有无脏污、变形、破损。

（2）定期检查

①隧道的定期检查每年安排一次，对主要部位安排详细的检查。

②衬砌是否有异常沉降、倾斜，有无裂缝和锈蚀。

③衬砌各混凝土后浇段，各截面突变处的混凝土，是否开裂或裂缝。

④衬砌混凝土表面有无裂缝、渗水、表面风化剥落、露筋、空洞和预埋钢件锈蚀；有无硅碱反应引起的龟裂现象。

⑤其他有可能影响衬砌正常使用的病害是否存在。

定期检查后除当场填写有关表格、数据，记录个别部件缺损状况外，还应做出技术状况评估。对缺损部位，应判断缺损原因，制订维修计划，确定维修的范围和方式；对难以判断损坏原因和程度的部件，应提出特殊检查和要求。

（3）重点检查部位

工程部位：衬砌混凝土；后浇筑混凝土段。检查内容：裂缝、变形。

7.3.2 混凝土结构养护

混凝土结构主要包括衬砌、洞门等构造。混凝土结构的养护主要包含混凝土各类裂缝的处理、混凝土空洞、钢筋除锈处理、混凝土碳化处理等。

各类混凝土结构缺陷产生的原因主要有如下几个方面：

（1）设计考虑不周造成隧道结构原始性缺陷：

①结构形式、断面尺寸及钢筋不符合结构受力要求。

②对一些特殊荷载如收缩徐变、温度、基础变位、水化热等考虑不足。

（2）施工质量问题导致隧道损伤：

①水泥质量不好。

②使用的集料不合格或级配不当、含泥量过大、出现碱集料反应。

③混凝土振捣不密实、掺和料拌和不均匀。

④浇筑顺序不当。

⑤混凝土养生不好。

⑥支架下沉、脱模过早。

（3）运营期间造成的破坏：

①渗水。

②冻胀。

（4）材料性能的退化：

①混凝土碳化导致其强度降低。

②钢筋的锈蚀。

出现缺陷后，进行原因分析，采取有针对性的措施。以下均为实际有可能产生的缺陷，预先编制应对方案及预防措施。

7.3.2.1 混凝土收缩裂缝

构件表面收缩龟裂一般由于养护不当，表层失水、干缩所造成。这类裂缝一般不深，多数深度不超过钢筋保护层厚度。表面封闭即可。

（1）补偿收缩混凝土配制方法

补偿收缩混凝土是在普通混凝土中按规定比例掺加有效膨胀剂，如 UEA 用量为水泥用量的 12% ~14%，可防止产生收缩裂缝。但一定要连续保湿 3d 以上，否则裂缝反而增多。

（2）裂缝封闭方法

①注入稀环氧树脂胶。

②凿槽后采用无收缩水泥及专用修补砂浆修补。

③裂缝较深者凿槽后采用高强度免振无收缩砂浆修补。

④涂抹渗透结晶型水泥及浆料。

7.3.2.2 钢筋锈蚀引起的裂缝

混凝土中钢筋产生锈蚀后，由于锈皮会吸湿产生化学反应而膨胀，其体积将增大 2 ~4 倍，从而胀裂混凝土保护层。当构件表面出现顺筋向裂缝，并确定是由于内部钢筋锈蚀所引起，即使表面顺筋向裂缝宽度小于受力裂缝宽度限制 0.2mm，甚至在 0.1mm 以下时，也应及时予以维修。有起壳声者表明已层离，应及时凿除，用聚合物修补砂浆予以修补，并在混凝土表面涂刷渗透结晶型的浓缩剂浆料堵封混凝土毛细孔，防止外界腐蚀性物质通过水渗入，使钢筋进一步锈蚀。钢筋锈蚀的危害如下：

①黏结力减弱，降低承载能力；

②钢筋截面减小，降低承载能力；

③钢筋锈蚀后易产生应力集中，增加脆性。

维修加固的方法如下：

①锈蚀钢筋彻底除锈，补焊钢筋，弥补钢筋锈损，然后用混凝土包裹保护；

②锈蚀钢筋应彻底除锈，用混凝土修补，粘贴钢板或碳纤维布，补充钢筋截面损失；

③保护层混凝土已全面碳化，不防锈，采用 XYPEX（赛伯斯）浓缩剂浆料涂刷封闭混凝土毛细孔，隔离水及腐蚀性物质，防止钢筋继续锈蚀；

④渗入渗透型阻锈剂，防止钢筋锈蚀。

7.3.2.3 集料膨胀引起的裂缝

“碱集料反应”引起集料膨胀（图 2-1）。含有氧化镁集料、硫酸盐集料或生石灰缓慢水化膨胀而破坏混凝土。集料膨胀病害的进展是由表及里的，这是与外界潮气由表面通过毛细孔逐渐渗入有关。所谓“碱集料反应”产生的条件有以下三点：

图 2-1 膨胀集料

（1）混凝土集料中含有一定量的碱活性二氧化硅，例如白云石、蛋白石、玻璃质二氧化硅，结晶不完整的二氧化硅矿物等，当含量大于5%时，对混凝土构件可能会产生损害。

（2）混凝土中碱含量超过一定量（一般控制在 3kg/m^3 之内）。

（3）水。前两点是发生“碱集料反应”的必要条件，后一点“水”是充分条件。集料膨胀后体积可达原体积的2 ~4 倍，相当可观。一般产生这类病害是在结构竣工数年（一般为 5 年）后发现。这类材料自损现象危害很大，当在一处首先发现这类病害时，应把它当作一个信号，很可能在其他部位也会相继出现。

集料膨胀病害有如下几点危害性：

（1）集料膨胀裂缝后使截面削弱。

（2）裂缝处易渗水，锈蚀钢筋，这类钢筋锈蚀属于先裂后锈。

（3）受压区因集料膨胀而损坏，达到一定程度后，可能会出现受压突然破坏。

（4）梁端因集料膨胀而损坏，有可能产生斜压破坏形态。

维修加固方法：发现一处及时修补一处，修补时首先把膨胀集料挖除掉，然后做好混凝土毛细孔封闭工作，如在混凝土表面涂刷XYPEX（赛伯斯）浓缩剂浆料，隔绝水分或潮气侵入，以减缓病害发展速度。由于集料膨胀病害发展是缓慢的，当发现该病害时，应详细检查后及时做出对策。对已发现的集料膨胀锥体，应及时清除，以防坠落伤人。

7.3.2.4　其他荷载裂缝

由于承载力不够引起的正截面、斜截面裂缝，采取压浆封闭裂缝、局部植筋加衬套或粘贴钢板或碳纤维的方法处理。需要加固时，宜优先考虑粘贴碳纤维或特种玻璃纤维，尽可能不影响外观，尽可能不增加原结构自重，尽可能少改变结构自振参数，尽可能不改变受力体系。编制详细的专项方案，并报设计同意，视需要请专家评审。

混凝土若出现白垢，一般表明其内部有水且白垢处混凝土有裂缝。浸水的原因是衬砌混凝土出现损坏，或设计时无防水层或防水层失效。渗水处治前应先查明原因，应对其进行裂缝填封处理。

发现裂缝，马上检查裂缝的走向、裂缝两端的高差、缝宽、缝深，观察裂缝处有无白浆渗出，或其他颜色黏液渗出，如铁锈色姜黄色、钟乳液等。分析裂缝产生的原因，以及对结构的影响程度。当裂缝宽度达到0.05mm时，就有可能渗水，因此对于裂缝宽度不能用设计规范规定的0.2mm，或养护规范规定的0.25mm来判断，而应更严格。

当非荷载裂缝宽度小于0.2mm，或细状不断发展的裂缝，直接采用赛伯斯（XYPEX）表面封闭。

当非荷载裂缝宽度小于0.4mm时，表面打磨清理后直接涂刷2～3遍，料与水配比为5∶2。当非荷载裂缝大于0.4mm时应先开槽，槽宽

2cm，深约3cm，用水湿润，先用5∶2的赛伯斯涂刷2遍，再用6∶1的配比捏成面团状，用木棍小锤敲实，敲好后刮平，再涂一遍5∶2的赛伯斯。对于受力裂缝，应进行局部应力分析，与设计协商，编制专项施工方案。

当裂缝超过规范允许数值，承载能力不足时，应查明原因，通过专业人员计算。采用板底粘贴钢板方法加固，即将钢板用化学粘接粘贴在混凝土板的下面，以提高混凝土的承载能力。粘贴钢板的方法，按以下步骤进行：

（1）衬砌混凝土凿毛，使集料露出，并清除破碎部分和浮尘。

（2）钢板表面的油漆和锈蚀应清除干净，表面涂刷一层环氧树脂薄浆。

（3）粘贴钢板，一般采用加压法粘贴，使钢板紧密地粘贴在衬砌混凝土面上。钢板的数量和尺寸按计算确定。

（4）防护处理，环氧砂浆凝固后，清除钢板外面和锈蚀，涂一层树脂薄浆，再涂一层防锈漆。

所有修补或加固工作，都必须在查明原因后进行。冬季施工昼夜平均气温低于5℃时，对修补的混凝土构件应采取保温措施，保证混凝土的凝固硬度。用于修补的混凝土、钢材，其强度和其他质量指标应不低于原隧道材料。钢筋混凝土与预应力混凝土结构的加固应进行结构设计，并按设计图纸进行施工。常用的加固方法除粘贴钢板外，还有粘贴碳纤维等。

7.3.2.5　混凝土空洞、钢筋阻锈处理

采用canin钢筋锈蚀仪，检查钢筋生锈程度。凿除表层松动混凝土至坚硬混凝土处，露出钢筋；用钢刷和砂纸对锈蚀进行除锈，露出钢筋金属光泽；在钢筋表面及周边5cm宽处涂刷JG—900环保型钢筋阻锈剂；2h后，涂刷A90加固型界面剂，提高与表层的黏结力，使用时在其中掺加总量1%的JG—900环保型钢筋阻锈剂（与液料或拌和水混合后加入）；趁湿抹302N高强修补料进行修复和面层整平，使用时在其中掺加总量1%的JG—900环保型钢筋阻锈剂（与液料或拌和水混合后加入）；施工温度以5~30℃为宜，防止霜冻。使用时不得稀释。施工过程中必须保证表面干燥。开封后未用完的阻锈剂需密封保存。

用水冲洗需修补部位，确保修补面洁净。将光滑的表面用工具凿成粗糙面，槽深不小于3cm，涂设高强度等级速硬水泥浆，尽可能确保保护层厚度；同时注意避免色差，保证表面平整光滑。

7.3.2.6　预埋件锈蚀修复方法

割除混凝土面上作为施工而预埋的钢板、铁件、螺栓等预埋件，修补面积应超出埋件边线约5cm，槽深约3cm；再用与塔柱混凝土相同色泽水泥砂浆修补刮平，保持表面平整。确实无法清除的大件预埋铁件，应进行彻底除锈，并按钢结构防锈要求涂刷与混凝土色泽砂浆修补。

7.3.2.7　混凝土腐蚀

（1）混凝土腐蚀特性

①混凝土的腐蚀。

由于渗水，超时等的长期作用，钢筋混凝土的腐蚀如果不引起重视和采取措施，就会带来严重的后果。

②混凝土的劣化机理。

引起混凝土内加强钢筋腐蚀最为主要的原因是混凝土的碳化。混凝土内的钢筋因为受到碱性环境的保护而产生锈蚀。通过酚酞试剂测定混凝土碳化深度，通过ZBLR630钢筋混凝土保护层厚度测定仪测定混凝土保护层厚度，两者进行比较确认混凝土碳化是否需作处理；若碳化深度超过保护层厚度，则必须尽快处理。

（2）混凝土表面处理

隧道的混凝土结构部分，经受过风化腐蚀，表面粗糙多孔，表层强度低，可能还有油污和盐分的污染。其表面遍布孔隙，孔隙中含有水分和碱性物质，为了避免以上问题的出现，必须控制基材的含水率，进行正确的表面处理。

①除油。用洗涤剂或碳酸钠溶液清洗油污，再淡水冲洗至 pH 值到中性（PH = 7 ~ 8）。如果油污严重渗入混凝土内部，应采用热碱液浸渍，并用淡水冲洗。使用清水滴加在混凝土表面，观察其湿润和铺展的状态，如水滴形成圆珠状，说明有油污存在；如果水膜均一，铺展自然，说明表面没有油污。

②表面打磨或喷砂处理。用电动或气动打磨工具，或者使用喷砂设备，可以有效地除去表层浮浆和弱介表面层。表面的灰尘用清洁干净的压缩空气吹净，最好用真空吸尘器吸尘。

③酸蚀处理。用酸浸蚀的方法，主要适用于油污较多的地方，用 10% ~15% 的盐酸清洗混凝土表面，待反应完全后（不再产生气泡），再用清水冲洗，并配合毛刷刷洗，此法可清除泥浆层并得到较细的粗糙度。在平面上使用酸浸蚀的效果最好。

④混凝土表面质量控制测试

a. pH 值。清洁后的混凝土表面 pH 值的测定很重要。混凝土表面 pH 值测定方法测试，其结果控制在中性。

b. 氯化钙。氯化钙测定法，可以测定水分从混凝土中逸出的速度，是一种间接测定混凝土含水率的方法。测定密封容器中氯化钙在 72h 后的增重，其值应 $\leq 46.8 g/m^2$。

c. 含水率。混凝土含水率应小于 6%，否则应排除水分后方可进行涂装。

7.4 附属结构的养护

7.4.1 隧道路面养护

7.4.1.1 病害识别

隧道路面部分为沥青混凝土隧道路面，其他为水泥混凝土路面。通常在隧道运营期间，随着隧道路面服务年限的增加逐年老化，沥青路面在使用过程中将不可避免出现一些病害，诸如局部的拥包推移、车辙、泛油以及松散龟裂等。由于这部分病害如果得不到及时的维护，将可能导致隧道沥青路面在行车荷载的作用下出现局部应力集中，路面将不能作为一个整体进行协调工作，并且在空气和水分等外界因素的综合作用下，隧道路面很可能出现诸如横向推挤、开裂、大面积龟裂、局部区域沥青路面松散和脱落等现象。沥青路面上可见的缺陷也表明与路面有关的其他部分可能发生了损坏。因此需查明根本原因并加以弥补，以防损坏再次发生。在进行一切工作及修复前，需检查并做好损坏情况的记录。

沥青路面破损分类，如表 2-5 所示。

沥青路面破损分类 表 2-5

序号	损伤类型	损 伤 描 述
1	龟裂	轻：缝细、无散落，裂区无变形，块度处于 20 ~ 50cm 之间，按面积计算； 中：缝较宽、无或轻散落或轻度变形，块度小于 20cm，按面积计算； 重：缝宽，散落重，变形明显，亟待修理，块度小于 20cm，按面积计算
2	块状裂缝	轻：不散落或轻度轻微散落，块度大，块度大于 100cm，按面积计算； 重：缝宽，散落，裂块小，块度处于 50 ~ 100cm 之间，按面积计算
3	纵向裂缝	轻：裂缝无散落或轻微散落，无或少支缝，缝宽小于 5mm，按长度计算； 重：缝壁散落、支缝多，缝宽大于 5mm，按长度计算
4	横向裂缝	轻：缝壁无散落或轻微散落，无或少支缝，缝宽小于 5mm，按长度计算； 重：缝壁散落，无或少支缝，缝宽大于 5mm，按长度计算
5	坑槽	轻：坑浅，面积小（小于 $1m^2$）；坑浅小于等于 25mm，按面积计算； 重：坑深，面积较大（大于 $1m^2$）；坑浅大于 25mm，按面积计算

续上表

序号	损伤类型	损 伤 描 述
6	松散	轻：坑浅，面积小（小于 $1m^2$）；坑浅小于等于 25mm，按面积计算； 重：坑深，面积较大（大于 $1m^2$）；坑浅大于 25mm，按面积计算
7	沉陷	轻：深度浅、行车无明显不舒适感，深度小于等于 25mm，按面积计算； 重：深度深、行车明显不舒适，深度大于 25mm，按面积计算
8	车辙	轻：变形较浅，深度小于等于 25mm，按长度计算； 重：变形较深，深度大于 25mm，按长度计算
9	波浪拥包	轻：波峰波谷高差小，高差小于等于 25mm，按面积计算； 重：波峰波谷高差大，高差大于 25mm，按面积计算
10	泛油	路表呈现沥青膜、发亮、有轮印，按面积计算
11	修补不良	修补后出现损坏，按面积计算

7.4.1.2 病害检查

（1）日常检查

①检查内容：

a. 检查并清除路面普通污染、路障和脱落的预拌碎石等杂物，防止这些外界异物被碾入沥青砂胶中。

b. 检查路面是否存在小范围的滴漏，如燃油、油漆、化学品等，及时进行清洁处理。

c. 检查隧道路面与钢结构接缝处密封胶的黏结状况；如密封胶脱落或失效，就及时组织修复，防止水分渗入。

②日常检查频率为 1 次/d，遇特殊天气改为特殊检查。

③检查方法：每日 1 ~ 2 人，穿反光背心，沿人行道步行巡视检查。发现行车安全隐患应尽快采取措施疏导交通。

（2）特殊检查

针对全年度隧道路面损坏的不同特点，在不同月份需对路面进行特殊检查。其检查内容如表 2-6 所示。

隧道路面检查内容列表　　表 2-6

检查时间	检查内容	损伤原因
12、1、2 月份	隧道路面裂缝缺陷	寒冷天气
8、9、10 月份	隧道路面车辙、路面鼓包等缺陷	夏季高温

检查应覆盖所有的车道。需要说明的是，这两项检查并不意味一年内仅进行一次或两次，裂缝、车辙和鼓包的检查只通过个别季节内的一两次检查并不能全面查清，因此需要反复进行多次。

7.4.1.3　隧道路面的养护

由于大跨径隧道路面的重要性，必须加强对路面的日常养护。

（1）加强路面状况调查，对发现的病害状况进行及时的总结，并进行相关维护处理，杜绝病害加剧发展。由于隧道路面的特殊作用，对其路面所出现的病害必须及时快速处理。所选择的材料必须是具备高强、耐久、固化快以及施工操作简便等特性，以尽量减小因维修操作而对交通造成的影响。

（2）对于发现路面上的异物要及时清扫，特别是来往车辆上掉落的螺钉等杂物，以杜绝异物在车辆荷载作用下影响路面，出现坑洞病害。

（3）对于隧道路面的养护过程，除特殊情况外（如化学溶剂或燃油洒落等），最好不要洒水，特别是在高温季节。路面夏季高温的表面最高温度参照当地气象信息，洒水会导致表面温度骤降，导致路面产生较大的温度应力，对路面受力不利。

（4）严禁履带车或铁轮车直接在隧道路面上行驶。

（5）严寒降雪季节来临时，应立刻按照计划部署进行除雪与防冻。可以采取撒布特殊融雪剂等防冻防滑材料，不应撒布氯化钠化雪，以降低对隧道附属结构的腐蚀。

（6）隧道路面检查频率：每日一小查，每周一巡（大）查。

（7）隧道沥青路面缺陷类破损基本维护方案，见表 2-7 所示。

隧道沥青路面缺陷类破损维护方案　　表2-7

序号	缺陷	维护方案
1	表面油污	如果仅在表面，并且没有造成安全隐患，没有严重损害路面美观，或没有对路面造成实质性的损坏则不预处理，否则用性质温和的清洁剂刷洗以清洁路面； 如果污迹已渗进沥青砂胶里，则加热并除去受污的材料，检查以确定是否所有的受污物料已被清除以及防水层黏结层是否受到了损坏，如果没有损坏则修复沥青面层，如果防水黏结层受到损坏，则应重新修复整个沥青路面结构
2	表面凹痕	检查压痕是否已经导致渗水，如果是，则参阅裂缝修复，否则参照以下建议： 如果凹痕细小，则应先除去碎石，然后加热沥青砂胶并将凹痕周围的沥青推挤到凹痕处使它与周围水平，最后进行表面处治； 如果凹陷面积很大或表面很不平整，则应稍稍加热沥青砂胶，然后除去沥青碎石，将隆起的材料压挤下或除去多出的材料，加入新的沥青材料使其平整，完成表面处治
3	局部坑洼	如果是由于有机溶剂、车辆行驶过程中泄露的机（汽）油等造成坑洞，则把这些区域应该连同油污一起清除掉，将坑洞及附近的整个沥青系统清除并修复，否则参阅表面凹痕的修复建议
4	鼓包	如果在某个路段出现了多个鼓包，或在短期内鼓包问题连续出现在同一个路段，则说明该路段的沥青路面体系很可能存有问题，应该打开鼓包进行检查，如果是，则应该对该路段的沥青路面进行处治。 如果鼓包的密集程度较小且分布范围小，可只对鼓包处理而不必触及沥青路面结构。其具体做法为：首先在沥青面层上钻孔来排放鼓包内的气体，吸除钻孔内的灰尘（例如利用真空吸尘器），用一个注射器将密封胶灌入鼓包底部，并用红外加热器对沥青砂胶徐徐加热使其软化，再用锤子和铁垫块夯实以完成表面处治

续上表

序号	缺陷	维护方案
5	裂缝	要做到“即裂即填”、“即裂即补”，及时填补、灌浆： 微裂缝：建议采用“灌缝”措施。具体做法为：首先用性质温和的清洁剂对微裂缝处进行清洗，确保裂缝部位清洁、干净，然后根据需要灌注聚合物粘结剂或填充缝隙的密封胶。 细小裂缝：是由于表面的凹陷或撕裂所造成，水暂时还没有进入路面体系内部。具体的处治方法为：①对于宽度在1～2mm的裂缝，可用注入环氧树脂胶/密封胶的方法处理；②对于宽度大于2mm的裂缝，宜用注入环氧沥青黏结料的方法处理。灌注用的器具，宜选用兽用注射器或灌缝机。 大面积开裂或裂缝的分布较集中：建议采用局部挖除，重新修补路面的办法。具体为：首先根据开裂的面积和形状，将修补面积向四周适当扩展50～100 ㎜，形成相对规则的长方形或正方形，以消除“隐性滑移”的影响，然后对裂缝处进行清洗并修复损坏的沥青路面结构
6	表面碎石脱落	由于车辆在路面上急转弯或重物的重压等原因往往引起表面沥青碎石脱落，如果没有引发其他的缺陷，则清理已脱落的碎石和压碎的石子。如果引发其他的缺陷/病害则参阅相应的修补建议
7	接缝开裂	如果接缝材料脱落，则用火枪加热并除去接缝料。清洗缝隙，然后检查是否仍有污迹存在，如有污损则除去附近的沥青砂胶，进行修复

7.4.1.4 裂缝的养护维修

沥青路面的裂缝有多种形式，应根据裂缝产生的不同情况采取相应的养护措施，对出现的裂缝病害及时处理，以避免裂缝进一步扩展。

早期出现的裂缝由于其宽度与长度均较小，给裂缝的修复带来了较大困难。因此，考虑选用一种黏度较低的灌缝材料，对出现的裂缝病害进行密封。对于大跨径隧道路面所出现的裂缝，修补材料的选择除了能够起到密封裂缝之外，还应该满足隧道路面的受力状况，不至于（或短期内不会）在行车荷载作用下出现二次开裂。

采用修复材料应遵循一个原则，即尽可能将裂缝完全填补，以减少应力集中对路面受力的不利影响。

由于对隧道路面的维修工作一般在不中断交通条件下进行，所以要求密封黏结材料的固化时间较短。为此，要求所选择的裂缝修复材料在操作温度下的初始黏度应该较低，以便于在黏结剂固化前进行简便的灌缝处理。一方面通过选择固化时间适宜的黏结剂；另一方面尽可能避开夏季高温季节及冬季严寒季节，选择气温较低的黄昏或傍晚进行处理。

(1) 在高温季节部分可自动愈合的裂缝可以不加处理。在高温季节不能愈合的轻微裂缝可以将有裂缝的路段清扫干净并均匀喷洒少量沥青（在低温、潮湿季节宜喷洒乳化沥青），再匀撒一层2～5mm的干燥清洁石屑或粗砂，最后用轻型压路机对石料进行碾压。沿裂缝涂刷少量稠度较低的沥青。

(2) 对于路面纵向或者横向的裂缝，应按裂缝的宽度按以下步骤分别予以处理：

①裂缝在5mm以内的：清除裂缝中的杂物、尘土，将稠度较低的热沥青（缝内潮湿时应用乳化沥青）灌入缝内，灌入缝内深度约为缝深度的2/3；填入干净石屑或粗砂并捣实。最后将溢出缝外的沥青、石屑及粗砂清除。

②缝宽在5mm以上的：除去已松动的裂缝边缘，用热拌沥青混合料填入缝中并捣实。

7.4.1.5 坑槽的养护维修

(1) 对个别的坑洞，应清除洞内杂物，用水泥砂浆等材料填充，达到平整密实。

(2) 对较多坑洞且连成一片的，应采取薄层修补方法进行修补。

对路面病害修理前后须进行照相，记录反映病貌、修补日期、时间长短、气象资料和修补人。

7.4.1.6 车辙的养护维修

(1) 车道表面因车辆行驶推移而产生的车辙，应将出现车辙的面层切削或铣刨清除，采用路面铣刨机铣刨车辙表面一定深度（2 ~ 3cm），并清除干净。然后重铺沥青面层。

（2）隧道路面受横向推挤行车的横向波形车辙，如果已经稳定，可以将凸出的部分削除，在波谷部分喷洒或刷涂黏结沥青并填补沥青混合料并找平、压实。铺筑前先喷洒 0.3 ~0.5kg/m^2 乳化沥青。

7.4.1.7 沉陷的养护维修

通车后，隧道路面可能出现不均匀沉陷，影响行车安全。对此应及时组织维修，一般采用加铺沥青层的方法。

（1）准备工作：包括机具、人员、材料的准备，以及交通组织安排等。

（2）测量放样：按施工要求，在施工区域内绘出各点的高程，放置临时样桩。

（3）铣刨与清扫：按放样高程用铣刨机进行铣刨，铣刨部位形状应做成矩形，槽壁垂直，纵横边线与路中线平行或垂直。铣刨后及时清除废料，清扫现场，废料装车运走。

（4）喷洒乳化沥青：在铣刨区域内均匀喷洒乳化沥青；槽壁可用油刷刷涂。

（5）摊铺：采用沥青摊铺机摊铺，且其工艺要求需与原施工路面一样。

（6）碾压：按照技术规范要求，保证新加铺层密实度在 95% 以上，平整度在 2mm 以内。

7.4.2 洞门前的护栏养护

护栏起着诱导驾驶员视线，增加驾驶员和乘客安全感，防止车辆驶出，避免交通事故的作用。

（1）养护要求

①护栏应保持完好顺直，栏杆立柱竖立正直；水平栏杆自由伸缩，无油漆剥落、根部松动、破损、开裂和变形现象。

②因车辆碰撞或其他原因造成护栏变形或损坏的，按时限修补完整；无法及时修理，而采用临时防护措施的必须牢固、醒目。

③锈蚀严重的护栏应及时更换。

（2）养护维修措施

①作业人员到达作业区域后必须严格按《隧道日常养护占道交通安全方案》进行安全作业区域的隔离围护。

②安全作业区域隔离围护的设置，必须顺交通流方向进行。

③作业人员拆卸被损坏部件的步骤如下：

a. 作业人员先拆卸栏杆。栏杆有上、中、下三根，拆卸时先用绳子把栏杆和柱子扎牢（两头两个点），再用扳手放松卸下连接螺柱，先上后下地用人力套牢绳子轻轻卸下，随后用同样的方法拆第二、第三根。

b. 拆除损坏立柱，先用绳子扎牢损坏的柱子，连接于隧道路面固定点，防止向隧道下倒落；再用专用扳手拆除连接螺母，慢慢进行拆卸。

④安装新配件步骤如下：

a. 安装新立柱，用绳子扎牢立柱，使用专用扳手扭紧螺母。

b. 安装栏杆，栏杆有短接管零件，预先安装好，先安装最上面一根，随后固定好后以上面一个为吊杆，用绳子拉吊第二根、第三根，安全就位用扳手将螺柱紧固。

c. 检查是否装配合理，在装配过程中，如有碰伤镀锌部位需补锌，直至合格。

⑤安全作业区域隔离围护，必须逆交通流向拆除。

7.4.3 排水设施养护

（1）养护要求

①进水口盖框及格栅完好，无断裂、破损；进水口盖应平整，无摇动。

②进水口的安放应与隧道路面平顺，并略低于隧道路面。

③排水管固定牢靠，固定螺栓无生锈现象。

（2）养护维修措施

①进水口盖缺损时，进行更换。

a. 作业人员到达作业区域后，驾驶员将作业车辆停靠在紧急停车带内，打开诱导灯、双跳灯、警报器。

b. 作业人员必须从作业车的右侧下车，确保人身安全。

c. 作业人员将损坏的盖板拆除。

d. 作业人员清理进水口内的垃圾。

e. 作业人员换上新盖板。

f. 检查新盖板是否有高低不平现象；若有，需进行修正直至平整。

g. 作业人员将旧盖板及垃圾集中装袋，由卡车运输到指定地点处理。

h. 作业人员调换进水口盖板结束后，立即离开现场。

②加强排水。凡属水平面或斜坡状的结构，一旦遇到雨水的侵蚀，及时排除积水，是保护结构的一个十分重要的措施。钢结构或混凝土结构表面一旦积水，其危害性比结构表面潮湿更大。

③进水口、立管，会产生很多泥沙，这些泥沙会影响隧道的排水设施的正常运行，甚至会堵塞排水设施。对立管宜采取每一个月一次的频率，用高压冲水车进行疏通，保持立管排水畅通。虽然此项工作较为简单但对压力的控制有一定难度，过低则无法疏通干净，过高则可能对管道造成损坏。因此在进行疏通作业时，必须适宜地控制好高压冲水车的冲洗压力。

7.4.4 交通标志养护

①检查内容。

除了每日巡视外，还须每月一次定期检查所有的交通标志；在汛期来临前，还应临时增加安全检查。

a. 标志牌基础是否稳固，有无裂纹；底座螺栓有无松动、腐蚀。

b. 标杆是否有变形、损坏、受污及腐蚀情况。

c. 标志牌是否变形、损坏、受污及腐蚀。

d. 板面有无缺字、掉字；反光材料的反射性能如何。

e. 反光标志牌的缺失情况。

此外，还要根据道路条件的变化或交通条件变化（如增设或变更交通管制等），检查隧道交通标志的设置地点、指示内容及标志相互位置关系等是否适当。

②养护维修。

在检查的基础上，根据发现的异常情况，采取有效的养护维修措施，主要内容如下：

a. 交通标志有污秽的，应进行清洗。

b. 油漆脱落或有擦痕，面积较小时可用油漆刷补；油漆脱落或褪色严重，指示内容辨别性能明显降低时，应重新油漆或更换新的标志。

c. 标志牌变形、支柱弯曲、倾斜应尽快修复；螺栓松动应及时紧固。

d. 辨认性能下降或夜间反光标志反射能力降低的标志，应予更换。

e. 标牌、标杆有变形、损坏、丢失，及时修复或更换。

f. 由于不可抗力原因造成标牌倾斜或倾倒，采用汽车吊及时扶正焊接固定牢靠。

7.4.5 标线养护

交通标线是管制和引导交通的安全设施。隧道上热熔反光标线，是按《道路交通标志和标线》（GB 5768—2009）中道路标线的标准和要求制作的。

（1）养护要求

交通标线应经常保持完好、清晰，定期进行标线重涂。

(2) 养护维修的主要内容

路面标线导向箭头和文字标记的养护维修主要内容是：

①路面标线污秽，影响反光性能时，应进行清扫或冲洗。

②路面标线磨损严重或脱落，影响反光性能时，应重画，并注意避免与老标线错位。

③重新喷刷油漆时，应注意避免与原标线错位。

④进行路面局部修理，使路面标线局部缺损或被覆盖，采用人工方法进行修补或喷刷。

⑤立面标线应保持颜色、醒目。养护和修理的主要内容是清除表面污秽，如已褪色或油漆剥落，应及时重新涂漆。

⑥突起路标养护内容是保持反射性能，经常清扫凸起部位周围的杂物，清除反光玻璃表面污秽。主要修理内容是保持完好的反射角度，发现松动的予以固定；发现损坏或丢失的应及时修复或更换。

(3) 养护作业步骤

①作业人员到达作业区域后必须严格按《隧道日常养护占道交通安全方案》进行安全作业区域的隔离围护。

②安全作业区域隔离围护的设置，必须顺交通流方向进行。

③作业人员可采用标线清除设备清除损坏标线。

④作业人员用麻线固定于已有的标线处，对修补区域进行放样，并对需修补的标线进行画线标出。

⑤作业人员用两块模板隔离涂刷区域。

⑥开始涂刷标线，为保证能尽快开放交通适量添加快干剂，养护时间控制在6h左右。

⑦标志线油漆养护期间应确保现场安全设施围护完好，待修补油漆养护完成后方可拆除安全围护设施。

7.5 照明设施养护

(1) 安全维护

作业人员作业前知会作业班长及监控中心，巡视前穿着反光衣、绝缘鞋，戴好安全头盔，携带工具包。

(2) 人员配置

驻站电工负责维护保养各自辖段内的照明电器、设备。

(3) 设备配置

常用设备配置有：警示牌、升降平台车、设备抢修车、备用高压钠灯。

(4) 材料配置

常用工具配置有：内六角扳手、英制扳手、螺丝刀、万用表、钟表螺丝刀、活动扳手、榔头、剪刀、电工刀、刷子及其他常用工具。

(5) 操作程序

①定期试验手动控制和远程控制，保证各种控制装置的动作可靠性。

②检查照明灯具光照亮度，检查灯具固定附件完好情况，及时处理各类隐患。

③对照明系统发生开关、接触器电源线路、分路控制箱电器、二次回路及电器、灯具固定结构的故障将及时组织检修，保证设施的完好运行。

7.6　供配电设施养护

供配电设施包括高压断路器柜、高压计量柜、高压电压互感器、避雷器柜、高压隔离开关、高压负荷开关、电力变压器、高低压熔断器、高低压电力电容器柜、低压开关柜、信号屏、微机继电保护装置、高低压母线、电力电缆、控制电缆、各种金属构件、自备发电机等各种为隧道用电设施服务的供配电及辅助设施。

供配电设施养护人员应持有特殊工种上岗证书，并配备专门的电工检修工具。供配电设施养护应严格执行相关设备的检修规程及《电气装置安装工程施工及验收规范》(GB 50169—2006) 的有关规定。

高速公路隧道应进行供配电设施日常检查。供配电设施日常检查主要针对变压器、高低压配电柜及变配电室内相关设备外观及一般运行状态进行，通过观察外观异常、声响、发热、气味、火花等现象，及时发现设备故障。

供电线路的养护应按电力部门的有关规定进行。当供电线路存在异常情况时应采取措施并及时通知有关部门。

供配电设施需进行带电养护作业的项目，应使隧道内、变配电室及中心控制室相互协调，密切配合，并严格按电气操作规程的有关要求进行。

供配电设施的设备完好率，对于高速公路隧道应不低于98%。

7.7 通风设施养护

通风设施主要包括轴流风机、离心风机、射流风机及其配套设施等。

通风设施的日常检查主要是通过观察设备运转有无异常，确定设备是否存在隐患，并及时排除故障。

通风设施应按各种设备的操作规程和养护要求进行，并使主要性能指标，如风速、推力、功率、噪声及防护等级等符合产品说明书的要求。

通风设施养护应配备专用电工工具和机修工具，必要时配备风压计、风速计、声级计等。

进行通风设施养护时，应根据隧道交通流量和通风能力，对交通进行必要的组织和限制。

在进行定期或分解性检修后，应对隧道通风设施的效率进行全面的测试。

通风设施的设备完好率不应低于98%。通风设施经分解性检修后应使其通风能力满足下列要求：

（1）隧道CO允许浓度，应按表2-8取值；当为人车混合通行隧道时，应按表2-9取值。

CO 允 许 浓 度 表 2-8

隧道长度（m）	≤1000	≥3000
g（10~6）	250	200

注：隧道长度为 1000~3000m 时，可按插入法取值。

CO 允许浓度（人车混合） 表 2-9

隧道长度（m）	≤1000	≥2000
g（10-6）	150	100

注：隧道长度为 1000~2000m 时，可按插入法取值。

（2）隧道烟雾允许浓度，应按表 2-10 取值。

烟 雾 允 许 浓 度 表 2-10

设计速度（km/h）	100	80	60	40	10
烟雾设计浓度 K（m^{-1}）	0.0065	0.007	0.0075	0.009	0.0095

对于高速公路长隧道和特长隧道，应配合防灾设施进行每年不少于一次的模拟火灾情况以下的通风及排烟演练。单向交通排烟风速，应按 2~3m/s 进行控制；双向交通排烟风速，应按 1.5m/s 进行控制。

7.8 消防与救援设施养护

消防与救援设施是指用于预防隧道火灾和进行必要救援的设施，包括火灾报警装置、紧急电话、消防设施、消防通道设施等。

消防与救援设施的标志应保持完好、醒目。

消防与救援设施日常检查主要是对隧道内消防设备、报警设备、洞外消防设施的外观进行巡视，及时处理设施的异常情况。

消防设施的设备完好率应达到 100%；救援设施的设备完好率应不低于 98%。

7.9 监控设施养护

监控设施主要包括烟雾浓度探测仪、CO 检测仪、交通量检测仪、车高仪、电视监控设施、播音设施、可变信息板、限速标志设施、信息处理设施以及控制软件等监视隧道营运状态、设备运转情况及控制相关设备运转的各种设施。

监控设施日常检查是对隧道内各种监控传感器、信息板及信号标志、监控室的各种监视设备进行的一般外观巡检，发现异常应立即处理。

高速公路长、特长隧道监控系统的软件维护每年应不少于两次；其余公路隧道监控系统的软件系统维护每年应不少于一次。维护时应注意软件的修改完善，并保证联动运行功能的实现和软件可靠性各项技术措施的落实，严格按操作规程或使用说明进行。

监控设施养护主要指标应按相应设备的产品说明要求进行；监控设施设备完好率高速公路隧道应不低于98%，其他各级公路隧道应不低于95%。

7.10 环保设施养护

环保设施包括洞口范围内的绿化、消音设施，污水处理设施，洞口雕塑等。

(1) 隧道洞口绿化与植被应与周围环境协调，绿化工程应符合以下要求：

①及时对树木修剪培育，树木透光适度、通风良好，减少病虫害的发生。

②草皮宜适时修剪、保持美观。

(2) 隧道内应每月清洗、擦拭消音设施上的污秽，如有损坏应及时修复或更换。

(3) 隧道污水处理设施的养护应符合以下要求：

①污水处理池和净化池不得渗漏，如发现渗漏应查明原因及时处治。

②污水处理池和净化池沉积的泥沙、杂物，应适时清除。

8 预防性养护

目前，对隧道路面预防性养护方式主要有灌缝和封缝、微表处、稀浆封层、沥青再生、薄层加罩等。其选择方式应基于隧道路面状况、交通量、施工条件、养护成本等具体情况综合考虑。

为了保证隧道路面系统以良好的状态保持更长的时间，延缓未来的破坏，真正达到黑色隧道路面的设计使用寿命，在适当的时机，采用适合的预防性养护措施，从而保证全寿命周期的理念融入实际的养护隧道路面工作中。

钢预养护常使用油漆，喷涂前均须将钢表面彻底清扫除锈。

(1) 隧道路面结构预养护

①隧道路面预防性养护的宏观标准。

对隧道路面状况进行详细调查，综合判断当前预养护的可行性。用预养护材料封闭修补接缝，防止雨水渗入造成新的病害发生；对早期出现的裂缝处理，恢复磨耗层的功能、提高抗滑能力、表面磨光的处理，其主要技术方法有裂缝的填灌缝、表面封层、超薄磨耗层的加铺等。

微表处是一种特殊的稀浆封层技术，其工艺是采用改性稀浆封层车在隧道路面上摊铺一层表面封层混合料。这种混合料由特制的高分子改性乳化沥青、优质级配的细集料、聚合物、水和矿物填料等组成，封层的厚度一般在10～20mm。微表处可密封隧道路面表面，阻止路面松散、氧化；密封路面的细小裂缝；改善隧道路面的抗滑性能和行驶质量；修复车辙（≤40mm）和轻微的表面不规则；增加隧道路面颜色对比度，改善隧道路面外观。而且很大优势是养护后1h即可开放交通。

灌缝或封缝是采用密封材料充填裂缝，工作内容包括裂缝的清理、灌填空间的形成（如切割）和填缝料的灌入。目前常用的新材料有两种：一种是道路密封胶，采用热灌或冷补材料；另一种是封缝带，用于6～10mm以上的裂缝。

超薄磨耗层是采用集料和沥青（一般采用改性沥青）混合料的薄热拌沥青混凝土罩面。沥青隧道路面预养护用的热拌沥青混合料类型宜为细粒式，可采用较薄的罩面层（厚度为20～30mm）。这种方法能保护隧道路面结构，延缓隧道路面损坏；修正隧道路面的大部分缺陷，改善隧道路面的平整度或行驶质量；改善隧道路面的抗滑能力和外观；不增加或基本不增加隧道路面的荷载。

②预防性养护时间的时机选择。

隧道路面预养护时机的选择，也是实施预养护成功与否的关键，而其最佳预养护时间没有统一的标准，根据实践经验总结，一般设施实施预养护时间总体在使用寿命50%的阶段内进行；并综合考虑设施的总体交通量、重载车超限量、自然条件影响等多个因素的全面均衡（见图2-2）。

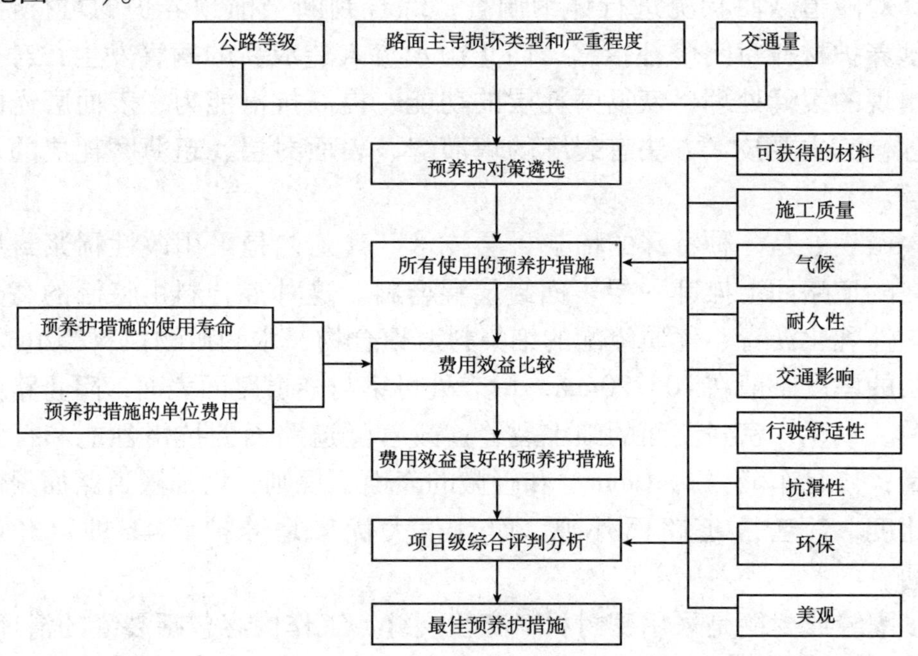

图2-2 隧道路面预养护框图

（2）设施结构预养护

设施结构的预防性养护理念基于全寿命周期养护的雏形，辐射范围覆盖了结构的综合预养护体系中。对工程中可能对结构耐久性存在薄弱环节的部位进行重点监测和进行预防性养护手段，以小成本大回报最佳养护方式，保证结构性能的衰减期得到有效推迟。

（3）机电设施预养护

机电设施的预防性养护主要是对处置运行特殊环境下的设备进行的事先保养，尽可能地使设备的运行环境有所改善。设备运行应注意到六防，即防潮、防尘、防鼠、防雷、防静电、防电磁干扰。

第三篇 检 测 篇

1 定期检查和维修

定期检查是指按照规定周期，对隧道的技术状况进行定期的全面检查，并评定技术状况等级。定期检查要求有实践经验丰富的隧道养护工程师参加，应由隧道管理养护部门与有资质的隧道检测单位共同进行。

定期检查是以目视观察为主，并使用专门仪器和设备对隧道的关键部位和主要构（部）件每隔一定时期进行一次的详细检查。定期检查的内容虽然包括了一些经常检查的内容，但定期检查比经常检查的内容全面、深入、详细。定期检查时，必须接近或进入各部件仔细检查其功能及材料的缺损情况。定期检查前必须创造接近各部件的条件。定期检查工作应按规范程序进行，检查前主持检查的专职隧道养护工程师要认真查阅有关技术资料及上次定期检查的报告，做好人力、设备等各种准备，落实安全保障措施。

1.1 方法、频率概述

定期检查周期根据技术状况确定，最长不超过三年，计划每年一次。隧道交付使用一年后，进行第一次全面检查。在经常检查中发现重要部（构）件的缺损明显达到三、四、五类技术状况时，应立即安排一次定期检查。

检查方法如下：

（1）现场校核隧道基本数据，当场填写“隧道定期检查记录表”；对照设施资料卡和设备年报表中的基础数据进行现场校核。

（2）判断损坏原因，估计维修范围和方案；对难以判断其损坏程度和原因的构件，提出作特殊检查的建议。

（3）根据设施技术状况，确定下次检查的时间；根据检查情况编制常规定期检查报告，并上报有关部门，对上一年度的维修养护工作质量进行评价。

（4）定期检查的情况记录、评分及对养护维修管理措施的建议，均应及时整理、归档；已建立信息管理系统的，应及时纳入管理系统数据库。

1.2 定期检查项目明细

根据规范和设计要求，拟定定期检查项目见表3-1～表3-8所示，其中带※号的为重点检查项目，其余为一般检查项目。检查项目除另注明外，均为养护部门负责。

隧道定期检查内容及判定表 表3-1

项目名称	检查内容	判定	
		B	A
洞口	山体有无滑坡、岩石有无崩塌的征兆；边坡、碎落台、护坡道等有无缺口、冲沟、潜流涌水、沉陷、塌落等	存在滑坡崩塌的初步迹象，尚不危及交通	山体开裂、滑动，岩体开裂、失稳，已危及交通
	护坡、挡土墙有无裂缝、断缝、倾斜、鼓肚、滑动、下沉或表面风化、泄水孔堵塞、墙后积水、周围地基错台、空隙等	存在此类异常情况，尚不妨碍交通	挡土墙、护坡等产生开裂、变形、位移等，可能对交通构成威胁
洞门	墙身有无开裂、裂缝	墙身存在轻微开裂，尚不妨碍交通	由于开裂，衬砌存在剥落的可能，对交通构成威胁
	衬砌有无起层、剥落	存在起层、剥落，不妨碍交通	在隧道顶部发现起层、剥落，有可能妨碍交通
	结构有无倾斜、沉陷、断裂	墙身存在轻微的倾斜或下沉等，尚不妨碍交通	通过肉眼观察，即可发现墙身有明显的倾斜、下沉等，或洞门与洞身连接处有明显的环向裂缝，有外倾的趋势，对交通构成了威胁
	混凝土钢筋有无外露	存在轻微的外露现象，尚不妨碍交通	混凝土保护层剥落，钢筋外露，受到锈蚀，对交通安全构成威胁

续上表

项目名称	检查内容	判定	
		B	A
衬砌	衬砌有无裂缝、剥落	在拱顶或拱腰部位，存在裂缝且缝数较多，尚不妨碍交通	衬砌开裂严重，混凝土被分割形成块状，存在掉落的可能，对交通构成威胁
	衬砌表层有无起层、剥落	存在起层，并有压碎现象，尚不妨碍交通	衬砌严重起层、剥落，对交通构成威胁
	墙身施工缝有无开裂、错位	存在这类异常现象，尚不妨碍交通	起、止水板或施工缝砂浆掉落，发展下去可能妨碍交通
	洞顶有无渗漏水、挂冰	存在漏水，未妨碍交通，但影响隧道内设备的安全	衬砌大规模漏水、结冰，已妨碍交通
路面	路面上有无塌（散）落物、油污、滞水、结冰或堆冰等；路面有无拱起、沉陷、错台、开裂、溜滑	存在此类异常情况，尚不妨碍交通	路面严重的拱起、沉陷、错台、开裂、溜滑，以及漫水、结冰或堆冰等，已妨碍交通
检修道	道路有无毁坏、盖板有无缺损；栏杆有无变形、锈蚀、破损等	道路局部破损，栏杆有锈蚀，尚未妨碍交通	道路和盖板毁坏，碎物散落，栏杆破损变形，可能侵入交通界限，已妨碍交通
排水系统	结构有无破损，中央带井盖、边沟盖板等是否完好，沟管有无开裂漏水；排水沟（管）、积水井等有无淤积堵塞、沉砂、滞水、结冰等	有沉砂、积水，尚不妨碍交通	由于结构破损或泥沙阻塞等原因，积水井、排水管（沟）等淤积、滞水，已妨碍交通
顶吊	吊顶板有无变形、破损；吊杆是否完好等；有无漏水（挂冰）	存在此类异常情况，尚不妨碍交通	存在严重的变形、破损、漏水，已妨碍交通
内装	表面有无脏污、缺损；装饰板有无变形、破损等	存在此类异常情况，尚不妨碍交通	存在严重的污染、变形、破损，已妨碍交通

隧道路面实测项目　　表3-2

序号	检查项目	规定值或允许偏差	检查方法和频率	备注
1	平整度	IRI指数<1，专用采集车	平整度仪：全线每车道连续按每100m计算IRI或σ	委托
2	弯沉值（0.01mm）	符合设计要求	按附录I检查	委托
3	抗滑摩擦系数	摩阻力测试仪，摩阻系数>0.3	横向力系数测定车：全线连续，按附录K评定	委托
4	路面沉降	±10	水准仪：每200m测4个断面	
5	缘石直顺度	10	20m拉线；每200m测4处	
6	隧道头高程衔接（mm）	±3	水准仪：在隧道头搭板范围内顺延隧道路面纵坡，每米1点测量高程	

栏杆实测项目　　表3-3

序号	检查项目	规定值或允许偏差	检查方法和频率	备注
1	栏杆平面偏位（mm）	4	经纬仪、钢尺拉线检查：每30m检查1处	
2	扶手高度（mm）	±10	水准仪：抽查20%	
※3	柱顶高差（mm）	4		
4	接缝两侧扶手高差（mm）	3	尺量：抽查20%	
5	竖杆或柱纵横向竖直度（mm）	4	吊垂线：抽查20%	
6	栏杆顺直度	矢度不大于0.2%管节长	沿管节拉线量，取最大矢高	

防撞墙实测项目 表 3-4

序号	检查项目	规定值或允许偏差	检查方法和频率	备注
1	平面偏位（mm）	4	经纬仪、钢尺拉线检查：每 100m 检查 3 处	
2	断面尺寸（mm）	±5	尺量，每 100m 每侧检查 3 处	
3	竖直度（mm）	4	吊垂线；每 100m 每侧检查 3 处	
4	预埋件位置（mm）	5	尺量：每件	

交通标志实测项目 表 3-5

序号	检查项目	规定值或允许偏差	检查方法和频率	备注
1	标志板外形尺寸（mm）	±5。当边长尺寸大于 1.2m 时允许偏差为边长的 ±0.5%；三角形内角应为 60° ±5°	钢卷尺、万能角尺、卡尺：检查 100%	
2	标志汉字、数字、拉丁字的字体及尺寸（mm）	应符合规定字体，基本字高不小于设计	字体与标准字体对照，字高用钢卷尺：检查 10%	
3	标志面反光膜等级及逆反射系数（$cd.lx^{-1}\cdot m^{-2}$）	反光膜等级符合设计。逆反射系数值不低于《公路交通标志板技术条件》（JT/T 279）的规定	反光膜等级用目测初定。便携式测定仪：检查 100%	
4	标志板下缘至路面净空高度及标志板内缘距路边缘距离（mm）	+100，0	直尺、水平尺或经纬仪：检查 100%	1
5	立柱竖直度（mm/m）	±3	垂线、直尺：检查 100%	1
6	标志金属构件镀层厚度（um）	标志柱、横梁≥78，紧固件≥50	测厚仪：检查 100%	2
7	标志基础尺寸（mm）	−50，+100	钢尺、直尺：检查 100%	1
8	基础混凝土强度	在合格标准内	基础施工同时做试件每处 1 组（3 件）：检查 100%	1

轮廓标实测项目 表3-6

序号	检查项目	规定值或允许偏差	检查方法和频率	备注
1	柱式轮廓标尺寸（mm）	三角形断面：底边允许偏差为±5，三角形高允许偏差为±5；柱式轮廓标总长允许偏差为±10	尺量：抽检10%	
2	反射器中心高度（mm）	±20	尺量：抽检10%	
3	反射器外形尺寸（mm）	±5	卡尺、直尺，抽检10%	
4	光度性能	在合格标准内	检查检测报告	

隧道检测与维修养护明细表（通用） 表3-7

序号	检查项目	频率	方法	评定标准	备注
1	混凝土强度	1次/3年	回弹仪	对结构主要受力混凝土部件进行检测	
2	混凝土碳化	1次/3年	钻孔	碳化深度小于混凝土保护层厚度	
3	混凝土裂缝	1次/3年	测定仪	小于规范规定的限值	

照明设施日常巡查、周期维护主要项目 表3-8

设施名称	序号	主要检查内容	日常巡查	周期维护
灯具	1	电压是否稳定，运行是否正常	日	目测
	2	灯泡的损坏与更换		每月二次
	3	灯具的清洁		半年一次
	4	照明控制箱		季度一次
	5	开关装置定时的准确性与动作状态有无异常	日	
	6	脱漆部位补漆及灯具修理更换		半年一次
	7	补偿电容器、触发器、镇流器、金属器是否损坏		每月二次
	8	对地绝缘检查		半年一次
	9	有无松动、腐蚀		半年一次
	10	灯具内是否有尘埃、积水、密封条是否老化		半年一次
	11	有无积水		季度一次
	12	清洁后进行照度测试，是否满足设计指标		季度一次

续上表

设施名称	序号	主要检查内容	日常巡查	周期维护
标志及信号灯	13	指示灯的损坏与更换		每月二次
	14	灯具的清洁与维护		季度一次
	15	灯的亮度是否正常		季度一次
	16	设置状态是否有误		
路灯	17	外观有无裂纹、焊接及连接部位状况		
	18	有无损伤及涂装破坏		一年一次
	19	接地端子有无松动		
	20	设置状况是否稳定		一年一次
	21	有无开裂、损伤		
	22	锚具、螺栓有无生锈、松动		一年一次
	23	有无损坏、亮度目测是否正常		季度一次
	24	灯具的清洁		
照度计	25	动作状态是否有误，安装是否松动等		半年一次
	26	感光部的清洁维护，光度计校正		
照明线路	27	回路工作是否正常		
	28	有无腐蚀及损伤		一年一次
	29	托架是否松动及损伤		

2 特殊检查

特殊检查即所有的非常规检查，由专业人员依据一定的物理、化学检测手段，并辅以现场和实验测试等特殊手段对隧道及构件进行详细检测和综合分析，其目的是查明隧道病害原因、破损程度、范围和实际承载能力，确定隧道或主要构件的技术状态，分析损坏所造成的后果以及潜在缺陷可能给结构带来的危险，以便采取相应的技术措施。

特殊检查包括结构检测、计算分析评估和荷载试验三方面的工作。特殊检查的检查结果应提交书面报告。

特殊检查应由相应资质的专业单位承担，检查负责人和主要检查人员均应具有隧道专业工程师资格，具有5年以上隧道养护、管理、设计、施工经验。

特殊检查多由于特殊或意外的事件发生后而必须进行的检查。可能发生的特殊意外事件通常包括：

（1）由于意外损坏而导致的或常规检查、其他检查中发现的缺陷或不正常现象，需要更详细的调查或检查。

（2）震中距离小于320km的地震之后。

（3）雷击之后。

（4）车辆撞击以后。

（5）某部件损坏。

（6）突然发生沉降，或沉降大于设计允许的范围。

（7）发现某些结构部件的缺损严重。

2.1 检查方法与要求

（1）特殊检查应根据隧道的破损状况和性质，采用仪器设备进行现场测试、荷载试验及其他辅助试验；针对隧道现状进行验算分析，形成鉴定结论。

（2）特殊检查的技术要求较高，承担者必须拥有相应的仪器设备，试验分析手段，具有较深厚的专业知识和判断结构工作状态的丰富经验，因此在资质方面应有所要求。关于承担单位的资质审查、委托方式，应按国家交通运输主管部门的相关规定执行。

（3）实施专门检查前，承担单位负责检查的工程师应充分收集资料，包括设计资料（设计文件，计算所用的程序、方法及计算结果）、竣工图、材料试验报告、施工记录、历次隧道定期检查和特殊检查报告，以及历次维修资料等。原资料如有不全或疑问时，可现场测绘构造尺寸，测试构件材料组成及性能，勘察水文地质情况等。

(4) 结构材料缺损状况的诊断，应根据材料的缺损的类型、位置和检查的要求，选择表面测量、无损检查技术和局部取试样等方法。

(5) 结构整体性能、功能状况评定应根据诊断的构件材料质量状况及其在结构中的实际功能，用计算分析评估结构承载能力。

2.2 特殊检查的内容

(1) 特殊检查的概念及要求

特殊检查是对隧道结构的质量及工作性能两方面所存在的缺损状况进行详细检查、试验、判断与评价的过程。

特殊检查，一方面要对隧道作全面评价；另一方面也应根据特殊检查的背景（原因）有重点地进行。

(2) 特殊检查的项目和内容

①充分收集隧道的有关资料，包括计算书、设计图、竣工图、材料试验报告、施工记录、养护维修档案、历次隧道定期检查和特殊检查报告等。

②对隧道作全面检查，对各部位病害损伤作全面观察了解，测试结构构件性能。

③作隧道结构验算。验算时，应按实际断面尺寸及缺损状况、材料的实际强度和弹性模量、地基实际容许承载力和水文条件进行验算。

2.3 特殊检查安全事项

对特殊检查结果不满足要求时，在维修加固前，应立即采取限载、限速或封闭交通的措施，并继续监测结构变化。

2.4 鉴定与报告

(1) 隧道特殊检查应根据需要对以下三个方面的问题作出鉴定：

①隧道结构缺损状况。包括对结构性能退化程度及原因的测试鉴定；结构或构件开裂状态的检测及评定。

隧道结构材料缺损状况鉴定，可根据鉴定要求和缺损的类型、位置，选择表面测量、无破损检测和局部取试样等有效可靠的方法。试样应在有代表性构件的次要部位获取。

②隧道结构承载能力。包括对结构强度、稳定性和刚度的验算、试验和鉴定。隧道结构验算及承载力试验应按国家及行业有关标准和技术规范进行。

③所有鉴定都应针对当时隧道的实际状况，不能套用原设计的资料数据。

（2）特殊检查的检查报告可根据试验任务书或委托合同的具体要求来编写。但应包括以下内容：

①概述检查的一般情况。包括隧道的基本情况、检查的组织、时间、背景和工作过程等。

②描述目前的隧道技术状况。包括现场调查、试验与检测的项目及方法、检测数据与分析结果和隧道技术状况评价等。

③详细叙述检查部位的损坏程度及原因，并提出结构部件和总体的维修、加固或改建的建议方案。

3 检测

3.1 人工检测项目

人工检测项目，见表3-9。

人工检测项目 表3-9

序号	检查项目	方法	评定标准	备注
1	衬砌沉降	断面仪	沉降差 <1cm	
2	钢构件	水平尺	是否扭曲变形、局部损伤	
3	焊缝检查	磁粉检测仪	超声波、磁粉检查	
4	钢筋锈蚀	钢筋锈蚀仪	无锈蚀	

续上表

序号	检查项目	方法	评定标准	备注
5	隧道外观	目测	有无锈蚀、漏水	
6	混凝土表面状况检测	目测	无空洞、麻面	
7	环氧沥青混凝土强度	回弹仪	高温高日照下有无变形情况	
8	机电设施	目测	仪表读数是否正确，运转状态是否正常	

3.2 机电设施检查

公路隧道机电设施检查主要指为隧道营运服务的相关机电设施，包括供配电设施、照明设施、通风设施、消防及救援设施、监控设施的检查等。

在进行机电设施检查前，应做好以下工作：

（1）检查管理机构应参与机电设施的交工和竣工验收。

（2）检查管理机构应获取如下技术文件：

①竣工系统图、安装图、技术说明书、电缆清册、软件备份等资料。

②设备制造厂提供的产品说明书、故障检测手册、合格证明和出厂试验报告等技术文件。

③检验报告和验收报告。

（3）根据机电设施的复杂程度、养护工作量等配备养护人员，建立岗位责任制，制订养护计划。

（4）养护人员应经上岗培训，并熟练掌握设施的使用要领和技术特性。特殊工种上岗前应参加专门培训，并按当地劳动部门规定，经考核持证上岗。

机电设施的检查可分为日常检查、经常性检修、定期检修、分解性检修和应急检查。

①日常检查，是指在巡视车上或通过步行目测对机电设施外观和运行状态进行的一般巡视检查，高速公路隧道应不少于1次/7日。

②经常性检修，是指通过步行目测或使用简单工具，对设施仪表读数、运转状态或损伤情况进行的检查，可按1~3月/次进行；对破损零部件应及时进行维修更换。

③定期检修，是指通过检测仪器对仪表进行的标定，和对连接及装配状态等机电设施运转情况和性能进行的较全面检查和维修，可按1次/年进行。

④分解性检修，是指通过对设备分解拆卸而进行的重点检修，可按3~5年/次进行。

⑤应急检查，是指公路隧道内或相邻处发生重大事故或自然灾害后对机电设施进行的检查，没有固定周期，可配合结构检查一起进行。

当需中断交通时，应与上报的养护作业计划综合考虑。隧道内经常性检修、定期检修、分解性检修时的烟雾浓度不得高于$0.0035m^{-1}$。

机电设施养护应使设备技术状态达到产品说明书、设计文件或有关规范的要求。

机电设施养护应配备专门的电工工具、测试仪器、清洁工具、安全防护设备及高空作业设备。对配备的专用工具应定期检查，耐高压工具试验1次/半年，测试仪器校对1次/年，安全防护设备及高空作业设备检查1次/季度。

机电设施养护应按月制订养护计划。

机电设施养护应真实记录各种设备的检查情况，建立专门的技术档案，检查记录。

机电设施故障应真实记录，建立专门的技术档案，做好故障记录，并将其按月填报。

机电设施养护效果可用设备完好率进行考核，设备完好率应按下式计算。各种机电设施可分系统并按对营运安全的重要度建立设备完好率考核指标。

$$设备完好率=\frac{1-（设备故障台数\times故障天数）}{（设备总台数\times日历天数）}\times100\%$$

高速公路长和特长隧道应针对隧道内可能出现的火灾及交通事故，制订周密的救援计划；并按计划进行不少于1次/年的针对性的实地救援及防灾演练，其他各种设施应与消防救援设施紧密配合。

3.3 隧道路面状况检查

（1）隧道路面平整度测试

根据《公路沥青路面养护技术规范》（JTJ 073.2—2001），隧道路面行驶质量的评价按以下方法和标准计算：路面行驶质量采用行驶质量指数（RQI）进行评定，以10分制表示。路面行驶质量指数与IRI的关系为：

$$RQI = 11.5 - 0.75 \times IRI$$

式中：IRI——国际平整度指数，m/km。

隧道路面行驶质量的评价标准，见表3-10。

隧道路面行驶质量评价标准 表3-10

评价指标 \ 评价等级	优	良	中	次	差
向力系数 SFC	≥50	≥40～<50	≥30～<40	≥20～<30	<20
摆值 BPN	≥42	≥37～<42	≥32～<37	≥27～<32	<27

（2）摩阻系数测试

隧道路面摩擦系数采用英国FindlayIrvineLtd. 公司设计制造的Griptester自动摩擦系数仪（见图3-1）检测。它采用两个驱动轮和一个测试轮，驱动轮和测试轮大小不同，通过齿轮、链条的连接，使得测试轮在正常测试时既滑动又滚动，通过两个力传感器测得测

图3-1 自动摩擦系数仪

试轮轴处的水平力和垂直力，即可得到路面纵向摩擦系数。

隧道路面抗滑性能采用抗滑系数作为评价指标，抗滑系数以横向力系数（SFC）或摆式仪的摆值（BPN）表示。评价标准按表3-11规定。

隧道路面抗滑能力评价标准 表3-11

评价等级 / 评价指标	优	良	中	次	差
向力系数 SFC	≥50	≥40～<50	≥30～<40	≥20～<30	<20
摆值 BPN	≥42	≥37～<42	≥32～<37	≥27～<32	<27

3.4 混凝土碳化检测

混凝土碳化是指混凝土本身含有大量的毛细孔，空气中二氧化碳与混凝土内部的游离氢氧化钠反应生成碳酸钙，造成混凝土疏松、脱落。混凝土碳化本身对混凝土并无破坏作用，其主要危害是由于混凝土碱性降低使钢筋表面在高碱环境下形成的对钢筋起保护作用的致密氧化膜遭到破坏，使混凝土失去对钢筋的保护作用，而钢筋锈蚀，同时，混凝土的碳化还会加剧混凝土的收缩。这些都可能导致混凝土的裂缝和结构的破坏。

（1）检测依据

混凝土碳化检测的依据，是《公路桥梁承载能力检测评定规程》（JTG/T J21—2001）。

（2）检测方法

首先在欲测试的混凝土体钻孔，孔径在15mm左右、孔深大于混凝土碳化层厚度。一个区域布置三个测孔，三个测孔应形成“品”字形排列，孔距根据构件尺寸大小确定，但应大于二倍孔径。成孔后用毛刷将孔中碎屑、粉末清除，暴露混凝土新茬。将配置指示感应液（酚酞试剂）喷洒于孔壁内。酚酞试剂包含酚酞、75%酒精、水按一定比例混合配置。待酚酞指示剂显色后，用测深卡尺精确测量变色交界处的深度，并做记录。混凝土碳化深度大于构件保护层厚度，则需对混凝土保护层采取密封等工程措施。

3.5 混凝土强度检测

对于混凝土强度，将综合采用回弹法、超声—回弹法和钻芯法进行检测。

（1）检测部位

检测部位主要是结构的主要受力混凝土部件。

（2）检测方法与注意事项

回弹法是采用回弹值作为强度相关指标来推算混凝土强度的一种方法。

使用回弹仪（见图3-2）时应注意：

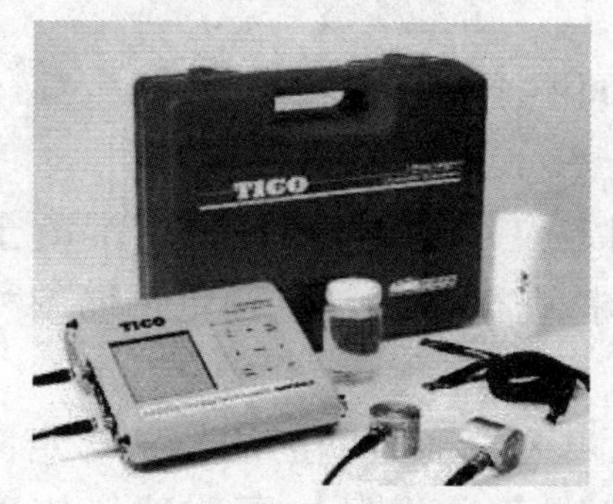

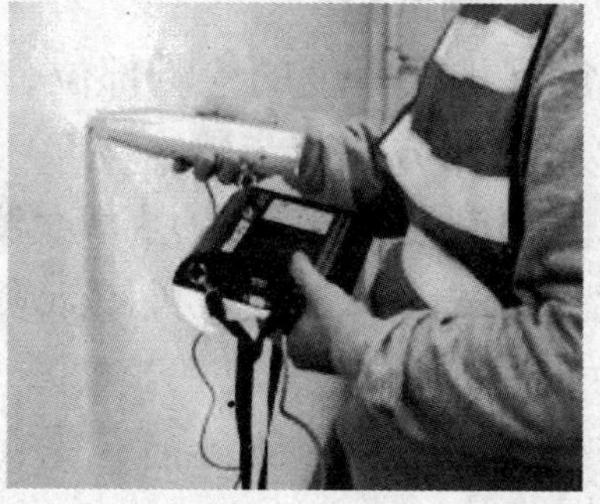

图3-2 超声、回弹仪器

①操作中注意仪器的轴线应始终垂直于混凝土的表面。

②施压时应注意切忌用力过猛冲击，并始终保持仪器中轴线与测面垂直和不晃动。

③避免连续快速操作，这样会影响试验的准确性。

④当使用带数据自动记录的数显回弹仪时，拔出回弹仪与数据记录仪的连线时，不要拉导线，只能捏紧插头拔出。

⑤数据记录仪具有存储功能，数据供分析用，试验时应将相关信息记录在纸质文件上。

⑥每次试验前应将回弹仪在标准钢砧上率定（率定值 80 ±2），以检查回弹仪读数是否正常。

超声回弹法测试将主要参照《回弹法检测混凝土抗压强度技术规程》（JGJ T23—2011）执行。

（3）评定标准

计算测区平均回弹值，应从该测区的 16 个回弹值中剔除 3 个最大值和 3 个最小值，余下的 10 个回弹值应按规范公式计算。非水平方向检测混凝土浇筑侧面时，应按规范公式修正：混凝土强度换算值，可根据平均回弹值及平均碳化深度值查表得出，修正后推定混凝土实测强度。

3.6 钢筋保护层厚度检测

（1）检测部位

钢筋保护层厚度的检测部位，同混凝土强度检测。

（2）检测方法与步骤

通过钢筋混凝土保护层厚度测定仪（见图 3-3）测定混凝土保护层厚度。测试前首先对有关图纸资料进行了解，以确定钢筋的种类和直径。

进行保护层厚度测读前，先在测区内确定钢筋的位置与走向。其做法如下：将保护层测试仪传感器在构件表面平行移动，当仪器显示值最小时，传感器正方即是所测钢筋的位置；找到钢筋位置后，将传感器在原处左右转动一定角度，仪器显示最小值时传感器长轴线的方向即为钢筋的走向。

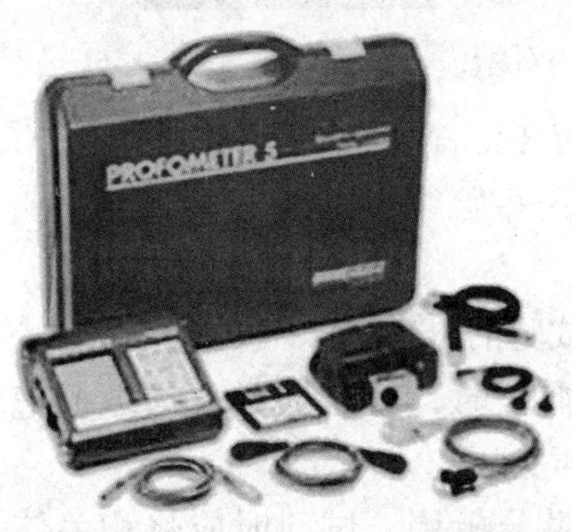

图 3-3　钢筋混凝土保护层厚度测定仪

保护层厚度的测读：将传感器置于钢筋所在位置正上方，并左右稍稍移动，读取仪器显示最小值即为该处保护层厚度。

由于实际测量时钢筋直径、材质、布筋情况、混凝土性质往往都是未知的，在现场检测时可以采用标准垫块对保护层厚度进行综合修正。

(3) 评定标准

保护层厚度对结构钢筋耐久性的影响，其评定标准见表3-12。

保护层厚度对结构钢筋耐久性的影响评定标准 表3-12

评定标度	D_{ne}/D_{nd}	对结构钢筋耐久性的影响
1	>0.95	影响不显著
2	0.85~0.95	有轻度影响
3	0.70~0.85	有影响
4	0.55~0.70	有较大影响
5	<0.55	钢筋易失去碱性保护，发生锈蚀

3.7 钢筋锈蚀状况检测

(1) 检测部位

钢筋锈蚀状况的检测部位，同混凝土强度检测。

(2) 检测方法与步骤

钢筋的锈蚀采用钢筋锈蚀仪(见图3-4)进行测试，通过电位值评估钢筋锈蚀状态。

检测前，首先配制 $Cu+CuSO_4$ 饱和溶液并对钢筋混凝土结构的表面进行预先润湿。检测时，保持混凝土湿润，但表面不存有自由水。

将钢筋锈蚀测定仪的一端与混凝土表面接触，另一端与钢筋相连，当钢筋露出结构以外时，可以

图3-4 钢筋锈蚀仪

方便地直接连接。否则，需要首先利用钢筋定位仪的无损检测方法确定一根钢筋的位置，然后凿除钢筋保护层部分的混凝土，使钢筋外露，再进行连接。连接时要求打磨钢筋表面，除去锈斑。测试前应该使用电压表检查测试区内任意两根钢筋之间的电阻值小于1。

检测时，根据用钢筋定位仪测定的钢筋分布确定测线及测点，测点的间距为10～20cm。用钢筋锈蚀测定仪逐个读取每条测线上各测点的电位值，在电位读数保持稳定浮动不超过±0.02V时，即可以记录测点电位。

对混凝土碳化深度、钢筋混凝土保护层的检测也可以间接地推定钢筋的锈蚀情况。此外，钢筋锈蚀较严重时，在混凝土表面往往会出现锈斑，可以通过外观检查来初步评价钢筋锈蚀严重与否。

（3）评定标准

钢筋锈蚀状况检测的评定标准，见表3-13所示。

混凝土中钢筋锈蚀电位的评定标准表 表3-13

评定标度	电位水平（mV）	钢筋状态
1	-200～0	无锈蚀活动性或锈蚀活动性不确定
2	-300～-200	有锈蚀活动性，但锈蚀状态不确定，可能抗蚀
3	-400～-300	有锈蚀活动性，发生锈蚀概率大于90%
4	-500～-400	有锈蚀活动性，严重锈蚀可能性极大
5	<-500	构件存在锈蚀开裂区域

第八篇 应急篇

1 应急保障体系

1.1 应急处置领导小组

成立突发事件应急处置领导小组，负责隧道整个设施的安全、保卫、综治、消防、抗风、设备紧急故障的突发事件处置。建立应急技术咨询小组，担负事发现场的研究处置应急方案，提出相应对策和意见。

成立24h现场待命的应急抢险队伍，对各类突发事件进行快速处理，维护设施、设备的安全运行和确保设施、设备处于安全状态。

内部应急处置组织机构的关系，如图4-1所示。

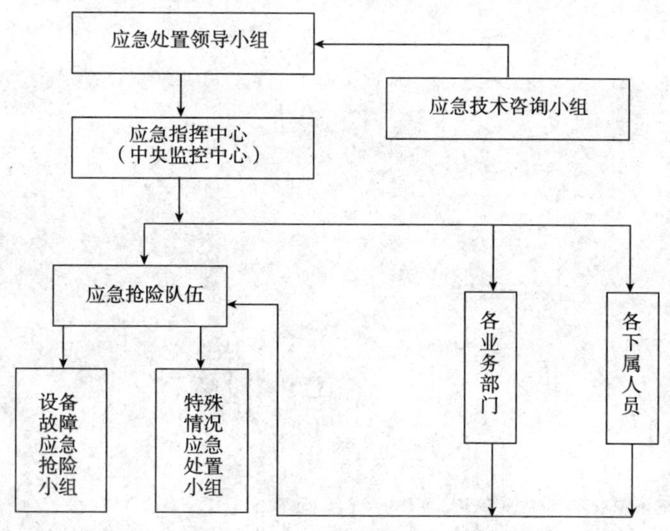

图4-1 内部应急处置机构的关系图

应急处置领导小组的主要职责：直接负责对隧道管辖区域内发生的所有突发事件的处置指挥工作。

其主要工作内容，如下所述：

针对重、特大交通事故，恶劣气候环境引发的各类事故，危险化学品事故，防恐怖突发事件，重要设施重大故障抢险等制定现场的具体救援方案，明确救援人员职责分工，指挥、协调现场应急救援工作。做出救援决策；组织划定事故现场的范围及其他强制性措施。保护事故现场，协调事故现场有关工作；必要时，向上级请示，请求启动上一级应急救援预案。检查督促、做好抢险救援、信息上报、善后处理；制定和完善各类应急救援预案；开展应急处置技能的培训和演练。

建立社会联动机制，确保应急处置快速有效。为此，应建立包括政府、公安、消防、救护、大型企业共同参与的应急处置社会联动机制，定期探讨、分析、评估养护运行管理状态和应急处置的成效，妥善协调与隧道管理运营和养护维修有关的各个方面的关系，保证隧道的顺利养护和安全运营。

1.2 应急抢险队伍

应急抢险队伍分为二个小组，即设施、设备故障应急抢险小组和特殊情况应急处置小组。

（1）设施、设备故障应急抢险小组——由工程部负责人，技术人员，机、电、土、路政、巡检、设备维护技术人员，地面值勤人员等成员组成。

其主要职责：负责设施、设备故障（含其他应急情况对设施、设备的损坏）紧急情况处理预案等的实施处置。平时轮班24h待命。在应急预案启动后，具体实施现场设施、设备故障抢险工作，听从指挥中心统一安排。

（2）特殊情况应急处置小组——由公路分局、值班长等成员组成。

其主要职责：主要负责各类交通事故、特殊天气（恶劣气候）、特殊事件（意外火灾、易燃易爆化学危险品事故；隧道重要设施设备意外发生的重大故障；恐怖、刑事犯罪分子的破坏等）的应急处置。

1.3 应急技术咨询小组

应急技术咨询小组，主要由有关技术人员、公路管理分局的总工程师等成员组成。

其主要职责：针对事发现场的状况，提出相应对策和意见等。必要时，赶赴现场协助指挥中心对应急救援工作的指挥、决策提供依据和方案；对事故危害程度进行预测，并对现场应急救援工作进行技术指导。

1.4 突发事件处置的内、外部保障

1.4.1 突发事件处置的内部保障

（1）人员力量保障

①建立内部应急管理组织机构，担任指挥的人员应当具有组织、协调和应急处置的能力，熟悉应急预案。

②参加应急处置的人员必须是专业人员，有一定的专业技能，并需配备专业设施设备。

③应急抢险队伍，巡逻、巡检、路政人员必须实行24h轮班工作制。并确保通信工具畅通无阻。

④配备应急管理力量：由公路管理局管理干部组成，职责是接受上级主管部门下达的对事故的处理意见，并进行协调及信息交换。

（2）设备保障

在日常的养护管理中，必须配置必要的各种车辆设备，保持24h处于待命状态，以便应急处理突发紧急事件。根据隧道的特殊情况配置足够的汽车吊、巡逻车、客货车、洒水车、清扫车、综合抢险车、散布机等车辆设备。

（3）物资保障

按照应急预案的有关规定，平时应配备充足的应急救援装备、物

资、药品、应急车辆、工具材料和通信设备等；配备必要的安全、消防设备，器材、人员防护装备等。同时，还应配备如防毒面具、生石灰等碱性液体、黄沙、木屑、融雪剂、草垫，橡胶套鞋，警示架、红白带、警示灯、防暴照明灯、警棍等物资材料，并备有清单。平时，应确保这些物资材料保持良好状态。

应急车辆的停放地点，物资、材料的堆放地点、工具存放的仓库等都要有明确的位置，以便应急处置时，可按照指挥中心要求及时到位、迅速投入使用。

（4）信息保障

①掌握周边环境和气象信息，关注气象、地震等部门发布的降温、降雪、大雾、强风、暴雨、地震等相关情况的预报，主动、及时做好记录，如有情况，早做准备，防患于未然。

②接收交通监控过程中的各类交通信息，及时了解发生的各类事故，做到快速到位、应急处置。

③指挥中心与行业的各管理单位建立信息传递网络，以电话、传真为联系，定时传递各项预案的实施情况。事件的处置中要注意信息的互动，保持信息的连贯性。

④掌握设施设备的维修养护、状况监测等各类信息。

（5）通信保障

①构成一个较全面的应急预案通信网络。配备24h畅通无阻的应急通信联络系统。

②编制《应急通信联络手册》，保证应急预案实施中通信的畅通和及时。并随时检查、调整，保证其正确性。《应急通信联络手册》分内、外两部分。

a. 内部：将应急领导小组、指挥中心、技术咨询小组、抢险队伍等每个成员及相关人员的家庭地址、家庭电话、个人手机等收录在册。

b. 外部：与行业区域内的有关的单位建立长效突发事件处置协调网，如所在区域的安全管理、环保、公安、路政、武警、医院、定点化学救治医院、消防、地震、气象、设备安装、公路建设等部门；建立这些部门、单位及其主要联系人员的电话、服务电话等通信录，以备随时查用。

1.4.2 突发事件处置的外部保障

(1) 外部联动互助

建立区域的事故处理应急网及通信联络方式。事故处理应急网应包括区域内的安全管理、环保、公安、武警、卫生、消防、地震、气象、建设等部门和单位。一旦事故发生，可迅速组织联动。

(2) 政府救援

必要时请该区域政府协调应急救援力量。在应急处置中，气象、交通、新闻、消防、医疗救护等社会公共部门应根据突发事件情况的需要，各司其职，行使保障职能，共同做好各种突发事件的应对工作。

(3) 专家咨询

专家咨询小组——建立外部专家咨询小组人员名单。外部专家咨询小组，应聘请熟悉相关专业的（如设施设备结构、化学等）外部专业人员组成。其职责，主要是帮助紧急事件处置领导小组解决处置过程中自身无法解决的技术、专业协调等问题，对事发现场的研究处置提出相应对策和意见等。

1.5 应急预案的培训与演练

(1) 应急预案的必要性、基本任务和指导思想

①应急预案的必要性：应急预案是在紧急、突发状况下的行动计划，要求所有相关人员清楚岗位职责与任务，清楚信息沟通与联系，掌握救援知识，掌握救援资源与紧急处置原则与方法。培训与演练，是应急救援不可缺少的环节，没有认真的培训与演练，就不可能有成功的应急救援行动。

②应急预案的基本任务：通过培训和演练，锻炼和提高应急救援队伍在突发事故状况下的快速反应与救援能力，使之能在最短时间内查清事故源，控制事故发展，最大限度降低事故危害，减少事故损失。

③应急预案的指导思想：应急预案的培训和演练，坚持培、练为用，培、练结合；务求严格、有效，重点突出；重基础训练，重日常培、练，不断完善、提高的原则。

（2）应急预案的培训

应急预案培训就是使所有相关人员了解并掌握应急预案的全部内容及相关知识，达到熟练掌握预案内容及要求，明确职责和履行职责的具体程序。

①培训的目标要求：清楚使命、职责、任务、资源、联系。

a. 使命：实施应急救援的总体目标；

b. 职责：岗位的工作内容及责任；

c. 资源：实现任务的方法和资源；

d. 联系：在应急预案实施中，相互间信息的沟通与传递。

②培训的方式：有自学、讲座、模拟、练习四种。

③培训的内容：基本培训——是指对参与应急行动的所有相关人员进行的最低程度的培训。通过培训，要求应急救援人员了解和掌握识别基本的应急救援基本程序、各项措施，应急报警行动，应急人员职责、信息发布与沟通、组织、救援与现场恢复等。

基本应急预案培训提供了一般情况应急预案培训，但在实际救援过程中，救援人员可能处于化学伤害、物理伤害、放射性伤害等特殊危险之中，掌握一般的应急救援技术是远远不能保护这些人员安全的。因此，特殊培训主要是针对这种特殊状态下的事故应急救援培训，主要有接触危险化学物品受限空间营救、沸腾液体扩展蒸汽爆炸等专业培训。

（3）应急预案培训与演练

应急预案培训与演练，是检验培训效果优劣、测试设备和保证系统的应急预案及程序是否有效的最佳方法。

其目的是使应急救援人员能进入“实战状态”，熟悉各类应急预案程序和操作；明确自身的职责，提高应急救援行动协调与实战水平；应急管理人员检验和评估应急预案的有效性、充分性，以不断完善应急救援预案。

①应急预案的培训。

基础训练——一般指应急队伍的队列、体能、防护装备、通信设备的使用训练。其目的是训练应急抢险队伍的良好战斗意志以及个人防护、通信设备的使用方法和技能。

专项训练——是针对一定的专项应急抢险任务进行的训练，是提高应急队伍实战水平的关键。它包括专业知识、事故缘由、现场技术等，目的是使应急队伍具备相应的抢险专业技术，提高救援水平。

战术训练——主要指应急队伍的综合训练和各专项技术的综合运用。通过训练，使各级指挥人员和抢险人员具备良好的组织指挥能力和实际应变能力。

②应急预案的演练。

应急预案的演练是一种以假设为前提的应急抢险预案“实战”操作，是检验、评价和保持应急抢险能力的重要手段。通过演练，能够发现应急资源、设备、人力方面存在的问题。但它存在事故真正发生前暴露预案和程序的缺陷。

其作用是提高应急人员应急救援能力和水平；进一步明确各自的岗位与职责；改善各应急部门、机构之间的协调能力；增强应对突发重特大事故的认识和社会防范意识。

公路管理分局每年会组织各类应急预案的培训和演练，以提高现场应急抢险和救援的综合素质，最大限度地降低事故危害，减少损失，保证设施设备的安全畅通运行。

2 应急管养对策

在隧道结构的管理养护过程中，分为风险事态发生后的应急养护和日常养护。

(1) 应急养护

当发生地震时，隧道不能正常使用，需要震后进行安全检测并修复。

在隧道管养过程中，在地震烈度不大的情况下震后检查重点是关注衬砌截面；在 7 度及 7 度以上的地震发生后，需对各墩特别是衬砌关键截面进行详细检查。

(2) 日常养护

在隧道养护过程中，重点对风险事态中易发生损坏的结构进行观测，以防止其出现薄弱环节降低抗震的性能。同时要经常性检查隧道各预埋钢构件是否缺漆、锈蚀、脱焊、松动或缺损。

在隧道养护过程中，需重点观测各隧道衬砌横断面。根据结构的变化状况，在可能发生断裂倾斜、顶部下沉等变形的地方，测量隧道横断面尺寸，通过与相邻横断面的比较，发现变形的有无和变化程度。同时定期检查隧道衬砌混凝土表面是否出现裂缝、渗水、表面风化剥落、露筋、空洞等现象。

3 各类应急预案

3.1 抗强风、暴雨、雷击应急预案

3.1.1 目的

每年夏季突发性暴雨、强风随时可能出现，为确保隧道安全和车

辆的安全通行，根据高速公路设施的养护管理经验，结合隧道的情况特制定本应急预案。

3.1.2 组织机构及信息网络

（1）领导小组由公路管理局领导负责，各有关责任人参加。

（2）以养护管理部门为主体结合日常维修、抢修工作组成工作小组及抢险队伍。

（3）以养护管理部门有关技工为主体组成抢险队伍。

（4）制定抢险队伍的联络网络，落实地址、电话以便及时传递信息。

（5）在领导小组领导下，建立以监控中心为核心的内部信息网络。

（6）工作分工：

①公路管理分局领导为总指挥；

②值班长为具体现场负责人；

③当班人员在收到气象台发出的强风、暴雨的黄色及黄色以上灾害预警信号后，及时汇报；

④巡检员在接到强风、暴雨警报后，立即检查隧道设施和电气运行情况；

⑤抢险支援小组根据指令完成抢险任务。

3.1.3 预防准备程序

（1）对地面管辖范围内的排水口全面清除污泥，加强检查力度，一旦发现问题及时组织力量清理。

（2）对设施内各漏水点作详细的普查，特别对设施内的原渗漏点和影响安全用电的位置重点检查，发现问题，及时采取措施。

（3）在雷雨集中的季节前，对设施范围内的避雷装置和接地装置进行检测。对供电系统设备做好继电保护和电气试验，确保安全用电。在强风季节来临前对设施受风情况进行普查，发现问题应及时解决。

（4）做好物资准备，储备好应急物资。

3.1.4　隧道实施程序

按照国家气象局气象警报分为蓝色、黄色、橙色、红色四种（见图4-2）；类别主要分为雾、风、暴雨、冰雹、雪灾、道路结冰五种。根据本地区的气象环境，发生得比较多的是雾、风、暴雨、雪灾、道路结冰。

图　4-2

（1）黄色预警信号

①强风黄色预警信号：陆地平均风力达6级以上，或者阵风8级以上并可能持续。

②暴雨黄色预警信号：6h内降雨量将达50mm以上，或者已达50mm以上且降雨可能持续，或者1h内降雨量将达35mm以上，或者已达35mm以上且降雨可能持续。

③具体安排：

a. 接到指令的养护管理部有关人员到岗；

b. 应急处置领导小组组长确定当班责任人及现场负责人，当班责任人负责总体指挥，向应急处置领导小组组长汇报和联系；

c. 应急中心负责信息收集、过程录像、一般相关通信、传达，防汛抗风应急队伍负责相关具体措施的现场实施；

d. 现场负责人负责现场巡视指挥和协调；

e. 办公室负责做好后勤保障工作；

f. 应急抢险队伍按各自职能到岗就位，采取轮班休息，24h守岗，服从抢险指令，进行抢险工作。

（2）强风橙色、红色预警警报、暴雨橙色、红色预警警报

①强风橙色预警警报：12h 内可能或者已经陆地平均风力达 10 级以上，或者阵风 12 级以上并可能持续。

②强风红色预警警报：6h 内可能或者已经陆地平均风力达 12 级以上，或者阵风达 14 级以上并可能持续。

③暴雨橙色预警警报：3h 内降雨量将达 50mm 以上，或者已达 50mm 以上且降雨可能持续。

④暴雨红色预警警报：3h 内降雨量将达 100mm 以上，或者已达 100mm 以上且降雨可能持续，或者 1h 内降雨量将达 60mm 以上，或者已达 60mm 以上且降雨可能持续。

⑤具体安排：

a. 应急处置领导小组成员及抢险人员到岗待命，24h 守岗，采取轮班休息，服从抢险指令，进行抢险工作；

b. 应急处置领导小组组长负责总体指挥，按情况作出具体布置，并负责向上级主要相关部门汇报和联系；

c. 副组长负责现场指挥，确定各岗位的具体当班责任人，同时落实信息收集、过程录像等工作；

d. 质安检测部、养护管理部负责人按要求做好本部门的相关具体工作；

e. 办公室做好所有后勤保障工作。

(3) 强风、暴雨结束后的检查总结

①强风、暴雨过后，应急处置领导小组组织专门力量对设施设备进行一次全面检查，及时修复损坏的各类设施设备，确保隧道正常运行。

②应急处置领导小组及时向上级汇报台风暴雨期间的整体实施工作情况和设施设备的损坏情况，并作出书面报告。

(4) 恶劣气候下的通行控制

一旦遇到恶劣气候，为了体现人性化服务，充分发挥隧道的功能，应尽可能保证陆上交通，同时须保证车辆的通行安全。根据设计文件、行业规范及经验，以下列原则进行恶劣气候的通行控制：

①强风：

a. 风速大于21m/s、小于23m/s时，单向三车道改为二车道；

b. 风速大于23m/s、小于25m/s时，单向三车道改为一车道；

c. 风速＝25m/s时，暂停通行。

②暴雨：发生暴雨时，一般都伴随着大风，所以要结合风速来考虑：

a. 第一种情况：小时降雨量达到16mm，且——

风速大于19m/s、小于21m/s时，限速30km/h；

风速大于21m/s、小于23m/s时，限速20km/h；

风速大于23m/s、小于24m/s时，限速10km/h；

风速大于24m/s时，暂停通行。

b. 第二种情况：小时降雨量达到30mm，且——

风速大于19m/s、小于21m/s时，限速10km/h；

风速大于21m/s、小于23m/s时，限速5km/h；

风速大于23m/s时，暂停通行。

3.2　大雾天交通应急预案

3.2.1　目的

为了确保大雾天气车辆顺利地通过隧道，特制定本预案。

3.2.2　职责和分工

公路管理局成立隧道大雾天气指挥小组、抢险救援小组。

（1）指挥小组负责指挥和现场处理。

（2）值班长具体负责现场的指挥和协调；负责现场指令的发出和调度。

（3）当班人员应时刻注意天气变化，及时向值班长汇报。

（4）巡检人员负责现场机动车的疏导工作。

(5) 抢险支援小组根据指令完成抢险任务。

3.2.3 迷雾天气紧急处置

迷雾天气紧急处置，包括下述两种情况：

(1) 设施紧急处置

①在岗人员得到气象预测有迷雾天出现时，立即通知值班长，值班长将信息通报给上级，做好应急准备。

②由值班长在监控中心统一指挥，调度各在岗人员，交通监控员应保持向上级联系。

③紧急处理完毕后，应立即组织人员对设施设备情况进行巡检，发现病害和故障，立即组织抢修，确保通行安全。

④将事件和造成的影响情况在24h内报公路管理局养护部、公路应急指挥中心。

(2) 隧道紧急处置

①一旦出现大雾预报，立即报告隧道应急处置领导小组，主值班和抢险队伍第一时间到达单位集结待命。

②值班室应立即通知养护管理部和隧道检测部，在大雾天气期间停止隧道上的一切养护作业和检测工作。

③隧道监控中心应显示“限速行驶”的提示标志。

④在大雾天气期间，在自身安全的条件下，养护管理部要加强隧道的巡视力度并增加巡视的频率，密切注意隧道上的车辆通行情况。

⑤当大雾笼罩隧道时，积极配合相关部门做好车辆疏导工作。

⑥当大雾严重笼罩隧道时，积极配合相关部门用封道车做好隧道的封隧道工作。

⑦接到大雾黄色预警，抢险队伍、车辆待命，同时做好相应应急物资准备。

a. 在工作日上班期间，值班人员接到隧道监控中心“大雾黄色预警”应立即报告养护部领导，启动“大雾黄色预警”措施。

b. 养护部领导会同各部门负责人，立即通报在隧道路面上作业的养护人员，做好撤离工作，撤离过程中必须密切注意过往的车辆，注意行驶安全，同时确保信息畅通。

c. 养护部当即安排落实抢险人员和车辆设备的准备工作，并报告分管领导。

⑧接到大雾橙色、红色预警，应急物资到位，抢险队伍、两辆抢险车辆第一时间到达单位集结待命。

a. 值班人员接到隧道监控中心“大雾橙色预警”应立启动“橙色预警措施”。

b. 养护部领导会同各部门负责人，立即通报在隧道路面上作业的项目负责人，做好撤离工作，撤离过程中必须密切注意过往的车辆，注意行驶安全，同时确保信息畅通。

c. 养护部当即安排落实抢险人员和车辆设备的准备工作，并报告分管领导；抢险人员立即赶赴养护基地或办公楼应急待命。

⑨要听从监控中心的命令。

⑩在未解除警报之前各级负责人必须确保信息畅通，服从统一指挥。

⑪应急抢险队伍，必须统一听从应急处置领导小组的指挥，配合隧道监控中心抢险调配。

⑫“大雾黄色预警”解除后，方可恢复隧道路面保洁养护检测等作业。

3.3 冰雪天交通应急预案

3.3.1 目的

隧道冬季应急重点区域比较多。隧道作为一条新路，往来车辆车速较快，容易诱发恶性交通事故。

为确保公路设施、设备在严寒或降雪天气能保持正常工作状态和过往车辆的安全通行，特编制相应协调方案。

3.3.2 组织机构

（1）组织机构（待定）。

（2）各部门职责（见表4-1）。

各部门工作职责　　表4-1

方式	部　门	工作职责
部署	路政	增加巡视频率
		用车载广播提醒驾驶人员注意安全
		限制车速、增大车距
		严禁随便停车
	养护部门	采取相应措施确保路面情况良好，尤其是重点防范部位
		异常路段区域内每隔1km设立警示牌或临时限速标志
		故障车辆——及时清障
联系	交警	维持正常的交通秩序
	医护	伤员——及时救护
	消防	火警——及时灭火
发布	交通监控员	可变情报板，提示驾驶员注意异常路段情况，谨慎驾驶
		可变限速板，显示限速
	收费站	入口处设立警示牌，提示驾驶员异常情况，限速驾驶
	应急指挥中心	向交通信息台、交通信息网站通报路况信息、道路使用情况及趋势

3.3.3 冰雪应急重点区域

隧道路面为10cm厚沥青混凝土路面，有纵坡，空隙率较小，容易积冰、积雪不易融化。

沥青混凝土路面不建议撒布氯化钠化雪，由此会对隧道附属结构造成腐蚀，进一步增加冬季路面结冰处置的难度。

3.3.4 具体实施方案

（1）防冻防雪预防准备程序

①养护部负责进行防冻、防雪的物资准备和查点工作。

②养护部在每年十月前组织完成冬季前应急设备、设施的普查。

③交通监控员收到严重冰冻或雪灾、道路结冰橙色预警信号后通知值班长，通知各部门、养护道班加强应急值班的管理力量。

④分别安排车辆管理责任人，对车辆进行防冻预防处理，如放尽水箱水，更换燃油，添加防冻液等。

⑤值班长通知设施冲洗工作的负责人停止夜间各类设施冲洗工作；并向牵引人员通报信息，要求大型车辆轮胎使用柔性防滑链。

（2）防冻防雪应急处理措施

①对冰害的易发区域，应重点防范。当发生路面积冰预兆时，值班长应组织养护道班用清扫车对路面进行不间断的积雪清扫工作，作为防结冰的应急处理。

②巡检员发现路面结冰、积雪，影响车辆正常通行，应立即上报监控中心，保证现场路况信息的及时传递。

③发现上述情况，值班长作为第一责任人，调度当班有关人员进行现场处理；同时报告局长、副局长，并由副局长向公路应急指挥中心报告，启动防冻防雪预案。

④交通监控员应调整广播、情报板内容，向过往设施的驾驶员传递“设施路面结冰、积雪”信息，并将道口的电子限速板减为40km/h，提醒驾驶员慢速行驶。收费道口收费员在车辆进站道口也要友情提示“路面结冰，请您减速慢行”。

⑤对于道路因积水而积冰的路段，以及路面大面积积雪、积冰现象的出现，可临时进行车道的部分封道，利用有限的人力、设备资源，保证部分道路的正常通行；有效降低来往车辆的车速，防止交通恶性事故发生，同时向公路应急指挥中心报告。

（3）隧道防冻防雪应急处置办法

①重点监视隧道路面情况。巡检人员要加强巡视，根据气象、路面状况及时采取防冻措施。监控中心根据对该区域交通影响程度，对相关信息板、限速板发布事故信息，提示过往车辆注意行车安全。在隧道进口处情报板上发出“路面结冰、车辆缓行、增大车距”的信息。

②冰雪天时，通过可变情报板提醒来往车辆注意安全控制车速（<40km/h）。通知养护道班安排铲雪车、清扫车上路（重点主隧道路面）进行隧道路面的不间断清扫。

③对于隧道结冰处置方法，考虑到隧道钢隧道路面的特殊性，原则上不采用氯化钠融雪，以免造成对钢结构的腐蚀，直接影响隧道的耐久性。

④当积雪量达到一定规模，无法及时清除时，可临时进行车道的部分封道（可考虑封闭 2 条车道），利用有限的人力、设备资源，保证部分车道的正常通行（不积雪）；有效降低来往车辆的车速，防止交通恶性事故发生，保证隧道的畅通。

⑤考虑到隧道的部分封道可能延续 24h 的特殊情况，除通过监控中心限速牌、情报板发布封道信息外，还应采用可编辑的移动 LED 屏进行三级封道预告，保证夜间隧道封道的安全。

（4）紧急处置后的善后工作

①提出应急物资补缺申请，养护管理部负责落实。

②路面结冰、积雪清除后，组织垃圾回收等路面清理工作。

③结冰、积雪影响设施通行时，除立即组织现场抢险外，必要时还应向公路管理局求救，予以人力和物力支援。

④紧急处理完毕后，应立即组织人员对设施设备情况进行巡检；发现病害和故障，立即组织抢修，确保通行安全。

⑤事件处置情况及其造成的影响情况须在 24h 内报告高速公路应急指挥中心。

3.3.5 应急物资配备与增补

对应急仓库的备品备件数量每月进行定期检查，且要求做到及时补缺。在此次冬季冰雪天气来临前，添置必要的LED交通设施、安全路锥以及爆闪灯等，确保组织、人员、物资三落实。

3.4 火灾应急预案

火灾对隧道的运行具有很大的威胁，隧道长，无中间出口，特别是隧道疏散困难，一旦发生较大的火灾，处理不及时、不妥当，将会导致隧道交通瘫痪，甚至引发成批车辆着火。对养护管理单位来讲，对隧道防火要保持高度警惕，以及在平时就要充分酝酿灾害的处置办法。为此制定本应急预案。

3.4.1 总体要求

（1）发生火灾，立即报“110”、“119”等。公安、消防人员赶到火灾现场后，由其组织抢险。

（2）应急中心接到火灾报告后，值班长应立即报告应急处置领导小组领导并安排应急抢险队伍赶赴火灾现场。

（3）应急抢险队伍赶到现场后，配合运行部门维护交通秩序，使用车载、隧道现场设置的灭火器材，先行进行救火。

（4）抢险人员在配合采取灭火措施的同时，配合交警部门疏散车辆，维护现场秩序，控制火势发展；火灾车辆如在主隧道拉索旁，指定人员用灭火设备保护拉索，火势较大则请牵引车将事故车辆强行牵出隧道；若是车辆内部起火，应立即疏散车上人员，用灭火器对油箱降温，防止油箱爆炸。

（5）火灾现场的抢险工作，应绝对听从消防部门和公安交警的现场指挥，切忌盲目行动，如翻动起火货物或车辆内部发动机罩盖、单独进入人孔等，以免扩大火势或造成不必要的伤亡。

（6）火灾事故抢险完毕后，抢险队伍清理现场，主值班做好事故、事件的情况记录，由应急处置领导小组组长上报业主、上级公司。

（7）事件处理过后，对使用过的消防设备立即给予增补整理，保证消防设备、器材完好齐全。

3.4.2 具体措施

（1）车辆内部起火

①在确保自身安全的情况下，在消防车尚未到达前，用巡视车辆上的灭火设备灭火。如火势较大，则动用隧道消防设施，对正在燃烧或有燃烧可能的车辆进行喷射。

②着火车辆如处在隧道口，要指定人员用灭火设备灭火。火势较大，立即请求用牵引车强行将着火车辆拉走。

③严禁翻动起火车辆的发动机罩盖，切忌进入起火车辆的车厢内，以免扩大火势和伤人。

④公安、消防人员赶到火灾现场后，由公安、消防专业人员组织抢险。

⑤巡检员配合交警现场指挥车辆，阻止后续车辆驶入着火区域，为消防车进入失火现场留出通道。

⑥巡检员配合紧急疏散被困人员和车辆，组织和引导滞留的乘客撤离灾害现场。

（2）车辆装载的货物起火

①首先疏散车上人员、抢救伤员。

②在确保自身安全的情况下，在消防车尚未到达的时候，先用自身车辆上的灭火设备灭火；如火势较大，则动用隧道消防设施，对正在燃烧或有燃烧、爆炸可能的货物进行喷射，有效地控制火势发展。

③切忌翻动起火货物，以免扩大火势和伤人。

④如遇着火的货物是有毒有害物质，抢险人员则应迅速戴上防毒面具，以防中毒。同时，按照《危险化学品事故应急处置预案》规定实施。

⑤听从消防部门现场指挥，配合公安交警疏导交通。

⑥巡查员现场指挥车辆，阻止后续车辆驶入着火区域。为消防车进入失火现场实施扑救留出通道；同时，配合紧急疏散被困人员和车辆，组织和引导滞留的乘客撤离灾害现场。

3.5 化学危险品泄漏、倾翻应急预案

3.5.1 总则

（1）编制目的

实现对危险品车辆通行隧道的有序管理，在必要时及时做好防护应急准备，控制事态发展，将损失与影响降低到最低程度。

（2）适用范围

本预案适用于对通过隧道所辖管理区域内的运输危险货物的车辆的通行管理。

（3）编制依据

依据国家、地方相关法律法规编制本预案。

（4）职责分工

①养护管理单位在接到危险品车辆通过隧道的通报或报告后，对运输危险货物的车辆通过隧道进行现场监护，同时做好必要的防护及应急响应准备。

②承接运营管理的单位具体实施危险品车辆通行隧道的现场监护及应急处置工作，协助做好隧道清障和交通维护工作。

③主管审批部门在批准危险品车辆通过隧道时，同时应当通报隧道管理单位。

④相关知情单位和部门，应提前将危险品车辆通行隧道的情况告

知隧道管理单位。

⑤危险品承运人在危险品车辆通过隧道前，必须向隧道管理单位报告。

⑥公安部门负责职权范围内的运输危险货物的车辆通行隧道的审批，同时负责交通维护工作。

⑦养护管理单位适时择机配合公安部门对瞒报、漏报擅自进入隧道所辖管理区域的运输危险品车辆进行专项整治。

3.5.2 预警预防机制

监测预报工作，必须做到以下几点：

（1）建立与公安部门等主管审批部门的协作关系，提请该部门在批准危险品车辆通行隧道时及时告知。

（2）海关、出入境检验检疫局、自治区政府相关机构、相关公司等单位和部门有义务提前将危险品车辆通行隧道的情况告知隧道管理单位。

（3）巡检员在日常工作中发现装有危险品车辆在隧道上行驶，即可用车载话筒告知驾驶员不得变道和超速。

3.5.3 应急处置

一旦危险品车辆在隧道上运输发生异常，即刻按下列程序进行处置：

（1）发现危险品车辆在隧道上情况异常，须立即报告。

（2）隧道立即进入应急处置状态。

（3）监控中心设为指挥中心，根据上级要求发出应急处置指令。

（4）迅速设置临时观察点：

①向事发点上风向行驶约200m处设置最高前沿观察点。

②在事发点上风口设置交通警戒线。

③利用望远镜观察情况，与监控中心保持信息联络，及时报告事

态变化情况。

④值班长到达观察点，组织、指挥车辆向一侧停靠，让出一条救援通道和紧急停车道，供救援车辆使用。

⑤尽早判明危险品类别、品名。

(5) 指挥中心如确认为危险品、剧毒品泄漏，立即报公安部门。交警到现场后，巡检配合交警工作，如需要，建立第二道警戒线。

(6) 封道隧道。发生异常情况，在事发处附近设置路障，封锁道路，或全隧道封闭。

(7) 由应急处置指挥小组指挥现场污染物处置。必要时申请在现场安全区域内设置洗消点，负责对出入危害区域的有关人员、车辆和物品进行洗消并检测。同时，及时联系应急抢险队伍，准备好冲水车、防毒面罩、橡胶套鞋等赶赴现场待命。

(8) 应急抢险队伍到达现场后，必须听从运行部门指挥。

(9) 在消防等有关部门的指导下，一部分抢险人员可用冲水设备进行冲洗和稀释有毒气体或液体；另一部分抢险人员在交警的指挥下，配合实施交通措施，以确保司乘人员或作业人员的安全疏散。

(10) 根据消防等有关部门的指挥，应急事件处理完毕后，抢险队伍必须加紧现场清理，对含有危险品的黄沙、物品等必须用耐腐蚀容器装载，交有关部门统一处理，严禁乱抛乱弃，造成环境污染。

(11) 应急中心主值班要认真、准确、全面地做好事故、事件处理的情况记录。记录车主、车牌、驾驶员姓名和事件经过。对事故引起的设施损坏，主值班应配合运行部门，对肇事者进行处理或登记。

(12) 现场危险品、剧毒品处置，一般由专业队伍负责。值班长向应急处置领导小组报告现场情况，并由应急处置领导小组向上级主管部门报告相关事宜。经应急处置领导小组批准，监控中心逐级减除预警信息，转入常态管理。

3.6 反恐怖防范工作实施方案

为切实加强隧道反恐怖防范工作，提高应对恐怖袭击突发事件的能力，特制订反恐防范工作实施方案。

3.6.1 工作目标

确保隧道各项设施及通行环境的安全，为维护社会稳定和安全提供有力保障。

3.6.2 组织领导

成立反恐怖防范工作领导小组，下设指挥工作小组、应急抢险处置小组及巡视、监控等专项工作小组，明确隧道管控中心为本单位反恐怖防范工作指挥中心。

3.6.3 工作机制

隧道反恐防范工作重点在于加强三个机制建设：

(1) 安全管理制度规范化工作机制。建立完善隧道的值班制度、巡查制度、外来人员登记制度和隧道重点部位的防范值守制度等。制定反恐防范工作的规范性文件，制定交叉巡视和重点区域巡视责任要求，有效实现隧道管辖区域内突发事故应急处置机制。

(2) 教育培训机制。定期组织员工培训，重点对隧道反恐防范工作实施方案、处置隧道运行事故应急预案、隧道运营岗位反恐防范规定以及管理制度等进行逐条重申与讲解，全面提高员工防控安保工作的重要性和紧迫感。

(3) 督导检查机制。为确保日常运营管理和反恐安保各项工作的有力管理和有效落实，对反恐防范工作执行、落实情况实行督导检查工作制。与员工签订“安保反恐工作任务书”，明确安全防范职责、任务和责任追究；同时对内部因疏忽发生的各类事故、事件的责任人进行追究。

3.6.4 具体措施

（1）常态反恐防范工作

①技防措施。

a. 隧道配有多台监控摄像头，覆盖率100%，24h 监控隧道路面即时情况（上述监控录像设备存盘时间符合反恐防范要求）。

b. 隧道附属设施和管控中心有紧急报警按钮，监控室报警装置直接与110 报警中心联网。

②人防措施。

加强反恐防范工作，保证隧道设施巡视、通道排堵保畅等工作有序进行。明确隧道运营巡视情况由运营值班长带队，并实行交叉错时巡视制度；隧道重要部位巡视由设施维修中心负责；管控中心由安保人员巡视；值班长负责巡查督导。

每 30min 对隧道路面通道进行一次全方位扫描，发现车辆突发事件、车辆停靠、行人上隧道等情况，必须立即通知巡视人员赶赴现场进行处置并做好详细记录。

加强设施保护巡视工作，落实隧道运营巡视制度，加大对隧道重点部位的巡视力度。夜班巡视工作必须严格执行反恐防范巡视规定进行巡视；对隧道区域发生异常情况及时报告、处置，同时按反恐防恐巡视表的要求做好相应记录。

在加强隧道路面动态管理中，发动全体员工参与隧道巡视工作。

（2）非常态反恐防范工作措施

①增派人员巡视值守；

②加强重要部位巡视。

（3）督导检查

落实反恐防范工作督导检查三级工作机制。

①根据反恐防范管理要求，结合运营日常管理和反恐安保工作要

求采取不同方式对设施设备、反恐安保、岗位人员规范服务、工作质量进行不定期的督查。

②每日进行运营日常工作的督察。督查运营内勤按运营日常管理规定做好相关数据资料的统计、分析、整理、传递工作。日班监控员按反恐安保运营工作要求每天通过监控录像、报表资料、检查核对车辆泊位、突发事故事件处置、停靠车辆、夜间巡视记录等相关信息做好各类信息统计登记工作，发现问题及时督促落实整改并严格按相关规定进行处理，及时将情况向领导汇报。

③对当班人员的工作状况督导检查，及时处置隧道各类突发事故事件等。

3.7 重大交通事故应急预案

3.7.1 总则

(1) 编制目的

为贯彻提高对各类突发道路交通事故的处置能力，最大限度地减少对安全通行的影响、人员伤亡和财产损失，维护隧道交通设施通行秩序，特制定本应急预案。

(2) 适用范围

本预案适用于隧道各类突发交通事故的应急处置。

(3) 编制依据

依据《中华人民共和国道路交通安全法》、《中华人民共和国安全生产法》等相关法律法规编制本预案。

(4) 交通事故分级

①按照隧道交通事故的严重程度、可控性和影响范围，事件分级一般为：红色等级（Ⅰ级）（特别重大）、橙色等级（Ⅱ级）（重大）、黄色等级（Ⅲ级）（较大）、蓝色等级（Ⅳ级）（一般）及准备级（Ⅴ级）。

②红色等级（Ⅰ级）（特别重大）

a. 导致人员死亡或失踪 30 人以上；

b. 引起交通中断 48h 以上；

c. 通行能力影响到周边设施。

③橙色等级（Ⅱ级）（重大）

a. 导致人员死亡 10 人以上、30 人以下；

b. 重伤 30 人以上；

c. 造成隧道交通中断，处置、修复时间预计在 24h 以上、48h 以内。

④黄色等级（Ⅲ级）（较大）

a. 导致人员死亡 3 人以上、10 人以下；

b. 重伤 10 人以上、30 人以下；

c. 造成隧道交通中断，处置、修复时间预计在 8h 以上、12h 以内。

⑤蓝色等级（Ⅳ级）（一般）

a. 导致人员死亡 1 人以上、3 人以下；

b. 重伤 3 人以上、10 人以下；

c. 造成隧道交通中断，处置、修复时间预计在 8h 以上、12h 以内。

⑥预准备级（Ⅴ级）

a. 大小型车辆侧翻事故；

b. 集装箱箱体脱落造成三条车道堵塞；

c. 集装箱箱体坠隧道、社会车辆坠隧道；

d. 车辆突发火灾事故；

e. 预计交通事故引起单向全部车道阻塞 2h 以上；

f. 导致人员死亡 1 人或受伤 3 人；

g. 三车及三车以上交通事故；

h. 大风、暴雨、大雾等自然灾害造成严重危及车辆通行，以及造成人员伤亡、车辆损坏的。

3.7.2 预警预防机制

监测预报须做到以下几点：

（1）监控中心日常利用路面摄像机加强对车辆通行的监测。

（2）巡检员加强对道路不明原因的车辆停留、疏导与管理。

（3）日常建立与公安部门指挥中心的联络、协调机制，做好各类突发道路交通事故监测和通报。

（4）加强对各类交通事故的信息收集整理和分析处理。

3.7.3 应急处置

（1）预准备级（Ⅴ级）处置

①大小型车辆侧翻事故的处置：

a. 监控中心发现情况或接到交通事故报警后，向报警人员问明事故发生地点、有无人员伤亡和车辆损坏等情况，及时通知交警、路政、牵引等人员赶到事故现场；同时立即报告值班长和值班领导，并做好记录。

b. 监控中心与施救现场保持信息畅通。

c. 监控中心根据事故对该区域路段交通的影响程度，在相关信息板上发布事故信息，提示过往车辆注意行车安全。

d. 如有受伤者，立即通知120救护中心，并视现场具体情况通知特种救援车辆、消防队等援助部门。

e. 值班领导发现或接报后及时赶往监控中心。

f. 值班长在确认事故等级后，及时向应急领导小组报告，启动相应等级预案。

g. 巡检员在事故现场采取安全措施，摆放安全标志，配合维护现场交通秩序。

h. 牵引员到达现场后，根据事故车辆的车种、车的吨位、重量等情况，尽快实施牵引。无法牵引的，启用吊车及大型平板卡车等设备，将阻碍车辆通行的障碍车（物）清除。

i. 对于人工能够清理的倾翻物，巡检车及时到位清理。

j. 无法由人工直接清理的，启用吊车及大型平板卡车等设备清除道路障碍物。

②集装箱箱体脱落造成三条车道堵塞的处置：

a. 监控中心发现情况或接到交通事故报警后，向报警人员问明事故发生地点、有无人员伤亡和车辆损坏等情况，及时通知交警、路政、牵引等人员赶到事故现场，同时立即报告值班长和值班领导，并做好记录。

b. 监控中心与施救现场保持信息畅通。

c. 监控中心根据事故对该区域路段交通的影响程度，在相关信息板上发布事故信息，提示过往车辆注意行车安全。

d. 如有受伤者，立即通知 120 救护中心，并视现场具体情况通知特种救援车辆、消防队等援助部门。

e. 值班领导发现或接报后及时赶往监控中心。

f. 值班长在确认事故等级后，及时向应急领导小组报告，启动相应等级预案。

g. 巡检员在事故现场采取安全措施，摆放安全标志，配合维护现场交通秩序。

h. 牵引员到达现场后，根据事故车辆的车种、车的吨位、重量等情况，尽快实施牵引。无法牵引的，启用吊车及大型平板卡车等设备，将阻碍车辆通行的障碍车（物）清除。

i. 牵引员及时清理出一条车道，保证车辆通行。

③集装箱箱体坠隧道、车辆坠隧道的处置：

a. 监控中心及时报警，报清坠隧道事故发生位置。

b. 救援人员积极配合救助遇险人员。

c. 巡检人员对事故车辆撞坏的隧道栏杆及时采取防护措施。如车辆撞击隧道护栏或关键部位，要立即组织进行临时防护。

d. 监控中心随时保持与相关单位的联系。

e. 做好事故处理、勘察工作。如在事故中有设施损失损坏，记录相关情况，进行相应处理。

④预计交通事故引起单向全部车道阻塞2h以上的处置：

其处置方法，与集装箱箱体脱落造成三条车道堵塞的处置方法相同。

⑤导致人员死亡1人或受伤3人情况的处置：

a. 监控中心发现情况或接到交通事故报警后，向报警人员问明事故发生地点、有无人员伤亡和车辆损坏等情况，及时通知交警、路政、牵引等人员赶到事故现场，同时立即报告值班长和值班领导，并做好记录。

b. 监控中心与施救现场保持信息畅通。

c. 监控中心根据事故对该区域路段交通的影响程度，在相关信息板上发布事故信息，提示过往车辆注意行车安全。

d. 立即通知120救护中心，并视现场具体情况通知特种救援车辆、消防队等援助部门。

e. 值班领导发现或接报后及时赶往监控中心。

f. 值班长在确认事故等级后，及时向应急领导小组报告，启动相应等级预案。

g. 巡检员在事故现场采取安全措施，摆放安全标志，配合维护现场交通秩序。

h. 牵引员到达现场后，根据事故车辆的车种、车的吨位、重量等情况，尽快实施牵引。无法牵引的，启用吊车及大型平板卡车等设备，将阻碍车辆通行的障碍车（物）清除。

i. 牵引员及时清理出一条车道，保证车辆通行。

⑥三车及三车以上交通事故的处置：

其处置方法，与集装箱箱体脱落造成三条车道堵塞的处置方法相同。

⑦强风、暴雨、大雾、大雪等自然灾害造成严重危及通行，以及造成人员伤亡、车辆损坏的处置：

其处置方法，与大小型车辆侧翻事故的处置方法相同。

（2）蓝色等级（Ⅳ级）处置

①监控中心发现情况或接到报警后，须向报警人员问明事故发生的地点、有无人员伤亡和车辆损坏情况等，在第一时间通知交警、巡检、牵引等人员赶到事故现场，并做好记录。

②监控中心接报后，立即报告当班值班长，并报告值班领导。

③监控中心与施救现场保持信息畅通。

④监控中心根据事故对交通影响的程度，及时调整广播、信息板，提醒驾驶员慢速行驶，注意行车安全。

⑤如事故现场有人员受伤，监控中心立即通知120救护中心，并根据具体情况通知消防队、巡检、牵引等人员协助医疗、消防等部门实施伤员抢救、灭火或提供救援车辆服务。

⑥值班领导在事故发生后及时赶赴监控中心。

⑦值班长在确认事故等级后，第一时间向单位应急领导小组报告，由应急领导小组决定启动相应等级的预案。

⑧巡检员在事故现场采取安全措施，摆放安全标志，配合维护现场交通秩序。

（3）黄色等级（Ⅲ级）（较大）处置

①同蓝色等级（Ⅳ级）的处置方法。

②养护负责人在第一时间到岗值守。

③应急领导小组成员24h保持通信畅通。

④应急领导小组成员1~2名24h在岗值守。

（4）橙色等级（Ⅱ级）（重大）处置

①同黄色等级（Ⅲ级）（较大）的处置方法。

②应急领导小组副组长24h在岗值守。

③应急抢险队伍24h待命，听从应急领导小组的指令，随时准备进行抢险作业。

（5）红色等级（Ⅰ级）（特别重大）处置

①同橙色等级（Ⅱ级）（重大）的处置方法。

②应急领导小组成员到监控中心（此时为应急指挥中心）集中。

3.7.4 应急处置后

经应急领导小组批准，监控中心逐级减除预警信息，转入常态管理。

3.8 超限车辆误入设施应急预案

3.8.1 目的

为了防止超限车辆误入设施，确保设施的安全畅通和设施设备不遭到外界人为破坏，特制订本预案。

3.8.2 防超限车辆误入设施的人员组织及信息网络

（1）防超限车辆误入设施由总值班长负责，各有关责任人参加。

（2）以养护管理部门为主体结合路政设施管理员组成牵引排堵工作小组。

（3）总值班长根据实际情况负责对本预案进行逐步优化。

（4）通过网络对各种型号的车辆进行登记，使道口人员在第一时间内通过目视发现超限车辆，尽量减少超限车辆的误入。

（5）各当班交通监控员负责对设施内车辆行驶情况进行监视。

（6）建立以监控中心为核心的防超限车辆信息网络。

3.8.3 防超限车辆误入设施处理程序

隧道值班人员发现误入超限车辆应立即告知路政管理部门处置。

3.9 人员意外伤亡事故应急预案

隧道离城区较远，一旦发生各类人身严重伤害事故，救助困难较大。作为养护单位，牢牢抓住安全生产，培训、提高作业人员事故后的自救能力，采取合理得当的紧急措施至关重要，因此，制定本预案。

3.9.1 目的

明确作业中人身遭严重伤害的现场紧急救护程序，准确、快速施救伤员，最大限度地减轻伤者的伤情和痛苦，使其尽快获得医疗部门的有效治疗或抢救。

3.9.2 适用范围

本预案适用于隧道养护管理工作中，作业人员遭受严重伤害（昏迷、大出血、不能自主行动、触电等）的现场紧急救护活动。

3.9.3 处理流程

应急中心主值班接到人员受伤报告后，应立即拨打120救护中心电话并安排施救人员赶赴现场抢救，调用救援资源（资金）并有效地开展自救；同时立即向应急处置领导小组领导汇报。

3.9.4 紧急救护原则、程序和要点

（1）紧急救护基本原则是：在现场采取积极措施保护伤员生命、减轻伤情、减少痛苦，迅速联系医疗部门救治。

（2）当现场事故对工作人员造成较重伤害（如骨折、较大出血、昏迷等）时，由现场负责人或同伴立即电话报告应急中心，提出现场救护的困难和需求，同时报告120求救。

（3）应急中心接报后立即报应急处置领导小组领导，并详细记录有关情况。同时立即组织巡逻车携带急救箱、救护设备及救护人员至伤员现场，针对各类伤害特点和现场条件实施救护。

（4）触电急救。用正确方法使触电者迅速脱离电源，立即就地用心肺复苏法进行抢救，不得停止，坚持到医疗部门医务人员来临。

（5）创伤急救。遇高空摔跌、重物打击、机械碾轧等创伤性事故应先抢救，次固定，再搬运。防止伤情加重，尽快送至医院急救。

（6）高空救护。如伤员在高处，应用吊索，正确缚系伤员，放至地面再实施抢救。

（7）中暑急救。将病员迅速转移到阴凉通风处休息，用冷水毛巾敷额、擦浴，给伤员口服盐水。严重者送医院治疗。

（8）如120医疗急救车已到达现场，伤员应由医疗救护车急送医院；若120救护车尚未到达，则自行急送邻近医院，并由主值班派员陪同，负责与医院联系，办理有关手续。

3.10　全程监控预警及交通排堵保畅处置措施

因事故原因、气候原因或养护维修的需要，可能对隧道进行单侧实施全封闭，暂停通车；当上述情况处理完成后，对已封闭区域恢复交通运行。

3.10.1　隧道的全程监控预警

隧道作为赛—果公路改建工程的重要交通节点设施，必须有效保证大隧道运行的安全、畅通。为此，在隧道的运行管理中，将建立隧道全程监控预警机制，一旦通过监控系统发现隧道上有超速（飙车等现象）、超限、形式异常（酒后驾车）的车辆时，为遏制交通事故，将启动如下处置措施：

（1）监控中心发出指令，通知路政人员和交警进行拦截。

（2）若拦截不住，通知相关收费站加强关注，进行道口拦截。

（3）若拦截前已发生事故，立即启动应急预案，并通知牵引、养护及120、119等相关人员现场处理。

（4）上报高速公路应急指挥中心。

（5）对此类情况处理进行预案后评估，提高预案可操作性。

3.10.2　隧道交通排堵保畅控制

（1）交通排堵保畅的类别

①由于重大事故造成高速公路单侧全部堵塞；

②由于发生大雾、冰雪天气造成隧道进行全封闭；

③隧道设施发生严重事故造成隧道进行全封闭；

④养护维修造成隧道进行单侧全封闭。

（2）特殊处置的方法

①隧道道路封闭；

②利用地面道路分流。

（3）特殊处置程序

①交通监控中心接到交警部门下达的封道指令后，立即启动应急预案，逐级上报应急指挥中心，领导同意后实施。

②交通监控中心下达指令给值班长，由其通知相关收费站封闭道口并在情报信息板上发布封路信息；或通知养护道班执行开启中分带放置安全标志牌、安全锥任务。

③养护单位实施开启中分带后，或收费站实施封闭道口后，由养护道班长、收费站值班站长负责向总值班长、交通监控中心汇报道路、道口封闭情况。

④交通监控中心向交警指挥中心汇报可以执行封道指令。

⑤当可以恢复交通时，由交通监控中心征求交警指挥中心意见同意后，下达恢复交通指令。

⑥交通监控中心下达指令给值班长，由他通知相关收费站、养护道班执行恢复交通指令，拆除安全标志牌、安全锥及收费站开放道口。

⑦由养护道班长、收费站值班站长负责向总值班长、交通监控中心汇报道路、道口开放情况。

⑧总值班长、交通监控中心各自做好记录。

（4）特殊处置的措施

若封闭区域外侧有中分带混凝土墩，开启中分带，摆放安全标志牌、安全锥；在交警、路政、牵引单位到位后执行。

第五篇 管理篇

1 日常运营管理策略

本隧道设计荷载为公路—Ⅰ级，在日常运营过程中，主要存在超限车辆驶入隧道的问题。

根据2004年4月公安部、交通部下发的《关于统一治理超限超载车辆认定标准避免重复处罚等有关问题的通知》中所阐述的车辆总质量和轴载质量限值：对于二轴车辆车身和货物总重超过20t、三轴车辆车货总重超过30t、四轴车辆车货总重超过40t、五轴车辆车货总重超过50t、六轴及六轴以上车辆车货总重超过55t等五种情形应认定为超载车辆。

原则上不允许总重超过30%的车辆驶入隧道。在特殊情况下，需按程序办理有关手续，得到批准后，方可按照批准的具体要求驶入隧道。

在日常运营管理过程中，对交通流量、重车轴载进行统计，并根据统计确定管理方案。

1.1 交通流量、重车轴载统计

驶入隧道车辆流量、轴载的统计是为了预测行车对隧道路面的破坏作用及对隧道构件的疲劳损伤，科学地制订隧道养护措施，为合理分配养护及改造资金提供基础资料。

建议隧道口设置称重系统，如有可能，称重系统可对隧道车辆的车型、轴载及各类车占总流量的比例等内容。

对每档车型选取一种车型为该档车辆的代表车型。根据该代表车型的轴载和作用次数，换算成标准轴载的当量轴次。再根据每类车辆中若干档代表车型换算成标准轴载的当量轴次的总和，即可计算得各类车辆的当量轴次换算系数；然后利用统计资料，换算成标准轴载的当量轴次。

交通流量、重车轴载每月汇总一次；标准轴载的当量轴次每半年计算一次。

1.2 超重车辆载重的管理

车载货物应尽可能拆散分车装运，使重量分布长度尽量在较大的范围内，以减少单位长度的压力。货物应装置平稳、适中，避免偏载。在驶入隧道前，应进一步核查车辆总重和轴重，以免出现总重量虽未超过原来货主提交的荷载，但却因偏载造成个别轴重超过验算荷载的情况。

1.3 超重车辆驶入隧道管理

超重车辆驶入隧道应选择在交通量较小的时间段，并事前通告，同时请高速交警、路政部门配合，设立超重车可通行线路，采取限制与疏导相结合的方法，以确保结构和交通安全。

1.4 养护技术管理

对隧道进行结构健康监测系统管理、地基基础变位监测管理以及技术资料档案管理等。可保证基础数据的连续性、准确性、完整性，对隧道运营健康状况评估、管理养护有很大的帮助，因此须尽可能准确、连续地采集这些基础数据。

1.4.1 隧道结构安全监测

通过监测各种运营和自然条件下隧道结构主要构件和关键控制部位的结构响应，对获取的响应量进行处理和分析，以期发现隧道在运营过程中出现的异常现象，对行车安全和结构使用安全进行等级预警。

辅助和补充完善隧道常规的人工定期检测方法，提高对隧道在各种环境和运营荷载作用下的结构性能的认知程度，查明不可接受响应的原因，对隧道做出准确的损伤诊断和损伤定位，为隧道的养护维护和运营管理提供科学依据。

要求定期（每月一次）对监测数据进行分析、汇总、归档。如遇恶劣天气状况或特殊交通情况，则需及时跟踪，并记录隧道运营情况。

1.4.2 衬砌安全监测

通过对衬砌混凝土强度进行检测，目的在于掌握衬砌混凝土材质的劣化和强度变化。

衬砌混凝土材质的状况，可通过目测或铁锤敲击等方法进行诊断，能在一定程度上了解其劣化的状况。

1.4.3 技术资料档案管理

对工程合同、概算管理、计划统计、材料费用管理、工程质量管理以及报表统计和执行情况等方面进行全面跟踪管理，推进技术管理工作的科学化和规范化。

按照国家标准管理技术档案，包括归档标准、档案内容和案卷目录、案卷说明、卷内备考表、案卷脊背、卷内目录等。

对条目和原始电子资料分类，实现资料从产生、归集、发放、借阅到归档的全过程化管理。

2 目标和承诺

（1）重大安全事故发生率为零。

（2）应急反应见表5-1。

应急反应表 表5-1

<table>
<tr><th>项目</th><th>内容</th><th>响应和完成处理的时间</th><th>备注</th></tr>
<tr><td rowspan="3">应急处理、维修、专项报告的响应时间</td><td>排水系统、除湿系统、电力系统损坏等</td><td>重要缺陷××小时内到达现场，紧急缺陷××小时内到达现场处理，条件许可应以抢修形式按需作业，直至修理完毕</td><td rowspan="3">紧急缺陷：设备设施发生的异常现象严重，如不立即处理将明显导致人身、交通、设备事故发生，或发生异常现象将严重影响公司形象和管理目标的实现；
重要缺陷：设备设施发生的异常现象有一定的危害性，但尚不至于引起人身交通、设备事故发生和严重后果者；
一般缺陷：设备设施发生的异常现象较轻微，一段时期内不至于造成事故，且不会影响设备设施安全使用的</td></tr>
<tr><td>牵引车辆、应急队伍</td><td>要求××分钟内出车、正常情况下××分钟到达现场。路面障碍物设施损坏等临时处置，立即恢复交通确保畅通</td></tr>
<tr><td>出现路面障碍物、交通事故、外力损坏设施、车辆火灾等事件后</td><td>a. 牵引得到指令××分钟内出车，正常情况下××分钟赶到现场；
b. 维修部门得到指令××分钟内出车，正常情况下××分钟赶到现场</td></tr>
<tr><td rowspan="2">应急处置和维修作业的完成时间</td><td>隧道路面危及行车安全的病害</td><td>及时采取防护措施，在××小时内处理，其他一般病害××小时内进行处理</td><td rowspan="2">紧急缺陷：发现人立即采取应急措施，并通知值班长，公司抢修人员××小时赶到现场；
重要缺陷：维修人员××小时内到达现场，按正常施工方式施工，直至完成</td></tr>
<tr><td>护栏、防撞墙、诱导器、标志标牌、路灯杆等损坏</td><td>事故现场半小时临时处置完毕；护栏等交通安全设施损坏、变形等××小时予以修复；不妨碍交通损坏的设施××个工作日内修复</td></tr>
</table>

3 人员组织机构

五座隧道养护与果子沟大桥养护为同一单位（公路管理分局）。人员组织机构相同，参见果子沟大桥人员组织机构。

4 信息化管理平台

为了提升管理水平，推行数字化、精细化养护，借用信息化管理这一现代化的管理手段，以信息化促进公司的发展，完成传统养护向现代养护的转变，形成了一个通畅、灵活的信息搜集、传递、分析、处理的信息管理机制，信息中心的相关数字化管理已经在养护管理领域发挥了重要作用，提高了工作效率，节约了养护成本，提高了管理效益和经济效益。

信息化管理平台实现的多种养护运营管理功能，主要有：

（1）养护巡检考勤的电子化；

（2）设备网格化动态管理；

（3）养护作业轨迹可循；

（4）信息即时沟通功能；

（5）信息动态化管理；

（6）规范养护作业流程；

（7）养护风险预警功能；

（8）养护作业预先公示。

5 推行PDCA工作法，保证质量措施的落实

PDCA 循环工作法是管理系统原理中的相对封闭原则的实际应用

方法，将引入科学先进的全面质量管理理念，在隧道推行 PDCA 工作法，将养护维修工作做得更好。

6 安全保证措施

6.1 安全检查制度

为了保证安全措施的落实，不断提高安全生产管理水平，根据养护管理的特点，制定相应安全检查制度。

（1）每月一次对养护作业现场、班组进行安全检查。

（2）专职安全员、安全部每周一次到养护作业现场、班组进行安全检查。

（3）每天负责隧道巡逻的运行管理员应有安全巡视记录。

（4）每次安全检查做到有全面的记录。每次安全检查后有安全领导小组人员进行评讲。

（5）对查出的问题和事故隐患，整改做到“三定”，即定人、定时间、定措施。最后由安全领导小组人员进行复查。

（6）对重大事故隐患整改通知书所列项目如期完成，并附有书面整改报告。

6.2 养护作业安全技术措施

如何来安全地保洁、养护好设施，既要考虑保洁、养护作业人员的安全性，又要考虑到社会车辆通行的便利性、安全性，认真执行《公路养护安全作业规程》（JTG H30—2004），在执行和落实安全责任制、各工种安全操作规程、安全检查制度、安全教育培训制度的基础上，还必须组织实施严密的安全防范措施和正确合理的交通导向布置。

6.2.1 一般规定

（1）项目公司员工必须自觉遵守、严格执行党和国家有关劳动保护与安全生产的方针、政策、法令和公司的安全生产责任制、各类工种的操作规程，接受安全检查、参加各类安全教育培训。

（2）养护作业必须贯彻“安全第一、预防为主”的方针，杜绝生产和交通事故。

（3）日常保洁、养护维修作业必须与交通管理部门办理手续，遵守交通管理部门的有关规定，密切配合。

（4）实施封闭交通（某一方向或某一车道）作业，集中力量完成所有保洁、养护维修任务。

（5）加强对养护现场安全防范措施的督查，各类养护维修车辆必须配备带有导向箭指灯排的车辆或强光警示灯；封闭交通的标志、标牌等道路施工安全设施，必须符合《道路交通标志和标线》(GB 5768—2009）的要求。

（6）分包零星保洁、养护维修项目，在签订生产合同前，须对施工队伍安全资质进行审查，并签订安全生产协议书。每次作业前做好安全交底，养护施工中进行安全检查，施工后保证安全清场。

（7）安全设施必须由专人负责安放和撤除。

6.2.2 作业人员安全措施

（1）作业人员必须穿着统一规定的反光标志服，头戴安全帽。高空作业必须配戴安全带、安全帽，持证上岗，并在做好安全维护的状态下方可进行作业。

（2）作业人员不得随意将工具、材料放到施工区域内，不能坐在危险区域休息。

（3）作业人员在作业时不得超越封闭的施工区域，不准嬉闹。

(4) 对不具备全封闭交通条件的时段，必须配备灯牌车或专用封道路障车，作业人员必须在车辆前方作业。

6.2.3 保洁、养护作业交通控制区安全措施总体要求

(1) 针对该段的实际情况，应采用符合国家标准的封道设施，降低和控制潜在的危险系数。

(2) 养护作业交通控制区的布置，应符合“标志鲜明、规范统一、安全有效”的原则。交通标志和标牌应按标准制作，图案清晰、意图明了。交通控制区按封闭车道的宽度来进行警告区、上游过渡区、缓冲区、作业区、下游过渡区布置。警告区设禁令标志、该区域内依次设有禁令标志、施工标志和装有导向箭指灯排装置的封道车，向车辆显示前方正在进行施工作业。警告区的长度为60m（一般为车道宽度的5倍），特殊道口可适当缩短。

6.2.4 用电安全措施

(1) 现场照明：照明电线用绝缘子固定，导线不得随地拖拉，照明灯具的金属外壳必须接地或接零。室外照明灯具距地面不低于3m。

(2) 配电箱、开关箱：应使用BD型标准电箱，电箱内电器开关必须安全无损，接地正确；电箱内应设置漏电保护器，选用合理的额定漏电动作进行分级匹配。配电箱应设置总熔丝、分熔丝、分开关、零排地排齐全，动力和照明分制设置。

(3) 用电管理：安装、维修或拆除临时用电工程，必须由电工完成；电工必须持证上岗，实行定期检查制度，并做好安全检查记录。

6.2.5 机械设备安全措施

(1) 机械设备操作人员必须持有效证件上岗，并严格做好设备运行记录。

(2) 机械设备有保险、限位装置等安全防护措施，且须齐全有

效、工作可靠。

（3）设备电线电缆等电气装置应绝缘良好，接头牢固可靠，不得乱拖乱拉。

（4）作业的机械设备应停放平稳、可靠，臂杆幅度指示器等装置灵敏可靠。

（5）严格执行设备保养制度，落实好设备的清洁、润滑、紧固、调整、防腐等各项保养措施，并做好保养记录，严禁设备带病工作。

（6）机械设备夜间作业时，必须配备夜间照明设备。

6.3 安全封道措施

6.3.1 施工封道的操作流程

（1）封道施工申请经批准后，在实施封道前，工程项目主管、安全主管、施工单位负责人、值班长、路政人员按时到达现场，各自履行分工界面内的职责。

（2）各项准备工作就绪，安全措施落实到位，由值班长下达关闭车道的指令，实施封道。并由值班长通知监控中心，由监控中心发布封道信息和道路施工信息。

（3）交通监控员在外情报板发布信息。

（4）巡逻车开道，携带封道设施和载有人员的作业车随后进入维修养护警告区域。车顶情报板发出“车道封道、车辆向左行驶”的信息。

（5）行至距作业点规定的封道起点，两车停下，在起点处规范放置警示标志、交通锥、警示灯、箭指灯牌等封道设施，完成封道。卸下的专用设备、材料，必须放置在封道标志固定的区域内，不得越界。

（6）现场负责人和巡逻人员应仔细检查交通安全措施是否规范到位；作业人员安全帽、反光标志服是否佩带完备；设备、工具、材料是否全在封道区域内，确认无误后方可作业。作业时需派人监护控制，防止车辆干扰养护作业。作业车停在作业地点“上游”；巡逻车停在其下游。

（7）交通监控员通过闭路电视，密切监视作业区上游车辆行驶情况。

（8）巡逻车应该将养护作业区域作为重点巡视对象。凡遇人、物越界，通行车辆车速过快，应用车载广播提示，要求纠正。

（9）维修养护作业结束后，作业负责人向值班长报告。

（10）作业负责人组织人员逐一逆向撤除封道安全设施和全部设备、工具、材料。并报告值班长，获同意后，作业负责人带领人员上车，驶出车道。

（11）值班长发布开启指令，交通监控员将情报板发布“施工结束、恢复正常通行”的信息。

6.3.2 养护封道的交通组织

为了保护养护维修作业人员和设备安全，警告、提醒和引导车辆通过维修养护作业控制区域，将严格执行《公路养护安全作业规程》（JTG H30—2004）的要求，在高速公路上设置的维修养护作业控制区由警告区、上游过渡区、缓冲区、工作区、下游过渡区及终止区组成。

分别在作业路段前1.6km、800m、300m处开始设施工警告牌，提示驾驶员，前方进入施工区域，“注意安全、控制车速”；在上游过渡区设置箭头指示警告标志、限速标志；在缓冲区域设置太阳能频闪灯；在工作区、下游过渡区及终止区用反光安全锥围封。养护施工结束后，逆向回收施工标牌和各类安全设施以及维修养护占用车道的封道示意图。

（1）维修养护区域占用右侧一条车道的封道示意图。

（2）维修养护区域占用两条车道的封道示意图。

（3）维修养护区域占用中间一条车道的封道示意图。

（4）维修养护区域占用三条车道的封道示意图。

6.4 超限车辆预防措施

目前，车辆超载、超限运输的情况严重，对隧道的路面损坏十分严重，直接构成对隧道结构安全的威胁。根据中华人民共和国交通运输部最新的文件或规定，应重点整治超限运输车辆。

6.4.1 现场措施

（1）值班长和巡视员在通行巡视时加强对超限车辆的检查。

（2）监控中心通过监视器监控有无超限车辆。

（3）在高速公路沿线加强超限车辆管理规定的宣传。

（4）公路情报板定期发布超限车辆管理规定的有关规定。

（5）联合路政管理部门、交警、高速公路管养单位加强对超限车辆的执法打击。

（6）在条件许可的情况下，在高速公路的主要入口和隧道的入口处设置电子称重装置。

（7）凡需通过隧道范围的超限车辆，车主一般应于通行前向公路路政部门提出申请；路政部门在接到承运人的书面申请后，应在规定的时间内进行审查并提出书面答复意见。

6.4.2 超限车辆通行申请

（1）车主应向交通管理部门递交书面申请，在交通管理部门批准后，应向公路路政部门提供相应资料和证件。路政部门在审批超限运输时，应根据实际情况，对需经路线进行勘测，制订通行与加固方案，并与承运人签订有关协议。

（2）路政管理部门对批准超限运输车辆行驶公路的，应签发《超限运输车辆通行证》。

6.4.3 防超限车辆误入设施处理程序

隧道管理人员发现误入超限车辆，应立即告知路政管理部门处置。

6.5 车辆牵引措施

6.5.1 牵引服务管理目标

（1）牵引到位：迅速及时；
（2）牵引操作：准确熟练；
（3）牵引过程：安全稳妥；
（4）牵引服务：优质规范。

6.5.2 发现抛锚、事故车辆的途径和措施

隧道路线长、掉头位置少，牵引车的布防也较难，所以一旦出现抛锚、事故车辆，牵引车到位的时间较长。因此，必须要本着多渠道、广覆盖、快传递的原则获取各方信息，尽早发现肇事车辆，安排排堵任务。

（1）主要途径

①监控中心的主动发现；

②交警、公路指挥中心的指令；

③设施巡视人员的报告；

④作业人员的发现；

⑤社会电话通报；

⑥驾驶员自行求援。

（2）具体措施

①监控中心加强图像的观察，对于产生的拥堵应判断是否由抛锚、事故车引起。

②加强与交警部门和公路监控中心联系，通过共用电台、热线电话，得到第一手信息。

③协调巡视时间，缩短巡视的间隔时间，提高巡视频率。

④做好与大型企业、交通运行协作单位的沟通，以取得相关帮助。

⑤增加救助电话号码的公开途径和方法，便于市民记录。

6.5.3 牵引方案的原则要求

为满足尽快到现场的牵引作业的要求，应当保证牵引力量的科学布置，最大限度发挥好牵引设备的作用。根据各路段车流量的时间性和路段性、易发事故路段、车辆掉头时间、匝道立交分布等情况，设计牵引车辆配置和布点方案。以确保发生抛锚情况时，牵引车能就近调动，赶在高速公路或隧道被堵塞前将抛锚车辆牵引离开。

6.5.4 牵引作业安全操作规程

（1）牵引车应确保车况良好，牵引车上配备消防器材及牵引工具，除驾驶室外车辆的任何部位不准站人。

（2）被牵引的车辆转向、制动、灯光等装置必须有效，否则不准牵引，做吊运处理。

（3）用软连接牵引时，与被牵引车辆须保持5～7m的距离。

（4）牵引车的宽度不得小于被牵引车辆的宽度，不准多辆牵引。

（5）牵引车就位挂钩时，随车人员应负责指挥设置安全警告标志，开警示灯，布置牵引作业区域、安全锥摆放位置，并协助驾驶员做好安全工作。

（6）牵引车作业人员作业期间严禁饮酒。

（7）牵引车是专用车辆，不得超越规定的工作运行范围。

（8）在救险过程中，要发扬吃苦耐劳精神，尽力把生命与财产损失降低到最低限度。但要有自我保护意识，不能盲目冲动行事，造成不必要的损失与后果。

7 机械设备、检测仪器配置

机械设备配置，见表5-2；检测仪器配置，见表5-3。

机械设备配置 表5-2

设备名称	应配置数量	规格型号	额定功率容量（kW）	出厂时间	清理机械设备数量（辆）				新旧程度（%）
					小时	其中			
						拥有	新购	租赁	
路面清扫车	7辆	东风 JT5161TSL	136	2008.04		√			70
		东风 JT5161TSL	136	2009.01		√			85
		东风 JT5161TSL	136	2009.05		√			90
		东风 JT5161TSL	136	2009.12		√			95
		东风 JT5161TSL	136	2009.12		√			95
		东风 JT5161TSL	136	2010.01		√			100
		东风 JT5161TSL	136	2010.05		√			100
路况巡视车	8辆	志俊 SVW7182HQD	74	2009.08		√			90
		志俊 SVW7182HQD	74	2009.08		√			90
		普桑 SVW7180LED	74	2009.02		√			85
		普桑 SVW7180LED	74	2009.02		√			85
		普桑 SVW7180LED	74	2009.12		√			95
		普桑 SVW7180LED	74	2009.12		√			95
		尼桑 ZN1033U204	84	2008.09		√			85
		尼桑 ZN1033U204	84	2009.12		√			95
隧道检测车	1辆	XZJ5341JQJ18	78	2009.10				√	95
扫雪车	2辆	ZLJ5160TXS	108	2008.10		√			80
养护作业人员运送车辆	4辆	全顺 JX6491TAM3	76	2008.09		√			85
		全顺 JX6641IN3	76	2009.12		√			95
		金龙 XML6807J23	88	2009.10		√			95
		金龙 XML6807J23	88	2009.10		√			95
铣刨机	1辆	维特根 W1900C	70	2006.10		√			80
压路机	1辆	BW203AD	60	2008.05		√			90

续上表

设备名称	应配置数量	规格型号	额定功率容量（kW）	出厂时间	清理机械设备数量（辆）				新旧程度（%）
					小时	其中			
						拥有	新购	租赁	
洒水车	3 辆	中标 ZLJ5166GQX	132	2009.05		√			85
		ZLJ5162GQXE3	132	2009.12		√			95
摊铺机	1 辆	ABG	108	2002.10		√			70
高架车	1 辆	XHZ5063JGK	96	2009.12		√			95
多功能清洗车	2 辆	中标 ZLJ5064TSL	136	2009.05		√			80
		ZLJ5162GQXE3	136	2009.09		√			80
修路王	1 辆	PO400－48－TRK	130	2009.01				√	85
切缝机	1 辆	柏山 NKY－180	9.5	2008.05		√			80
灌缝机	1 辆	科莱福 SS125D	40	2007.07		√			80
8t 以上吊车	1 辆	ZLJ5180JQZ12D	176	2008.03				√	80
发电机	3 台	东风 4BTA39－G2	50	2009.02		√			90
空压机	2 台	英格索兰 P185	47	2009.03		√			90
排水泵	4 台	黄河手提式 P100	10	2009.08		√			90
修剪机	3 台	LRT2300	4	2009.10		√			90
割草机	3 台	VL480SH55	1.5	2009.12		√			90
割草机	3 台	VL480SH55	1.5	2009.12		√			90

检 测 仪 器 配 置 表 5-3

序　号	设备名称	规格型号	标定日期	有无合格标定证	数量	备　注
1	3m 双面尺	3m 玻璃钢测量标尺	2010 年前	有	1	
2	2m 双面尺	2m 木质标尺	2010.5	有	1	
3	DS3 水准仪	NAL124	2010.6.7	有	1	上海测绘院
4	钢卷尺	5M×16MM	2010.5	有	2	
5	铝架钢卷尺	JLⅡ－50M	2010.5	有	1	
6	游标塞尺	南仪 JZC	2010.5	有	1	

续上表

序　号	设备名称	规格型号	标定日期	有无合格标定证	数量	备　注
7	3m 铝合金塔尺	3M 铝合金	2010 年前	有	1	
8	5m 铝合金塔尺	5M 铝合金	2010 年前	有	1	
9	公路水准检测器	JZC－2 型	2010. 6. 7	有	1	
10	公路工程深度检测尺	0～100mm	2010. 5	有	1	
11	质量检测尺	0～100mm	2010. 5	有	1	原设备
12	16mm 冲击钻	BOSCH GSB 16 RE		有	1	
13	温度计	ST－2 电子温度计		有	1	
14	徕卡电子水准仪	SDL30 DNA03	2010. 5	有	1	
15	全站仪	Leica TC1201（1"）	2010. 5	有	1	
16	混凝土回弹仪	HT－225A 型		有	1	
17	裂缝测宽仪	ZBL－F103		有	1	
18	裂缝测深仪	ZBL－F610		有	1	
19	望远镜	NIKONACTION		有	1	
20	数字万用表 001	VC9807A＋		有	1	
21	数字覆层测厚仪	TT220		有	1	
22	钢筋保护层厚度检测仪				1	
23	超声波检测仪				1	
24	自动摩擦系数仪				1	

责任编辑：袁　方　王绍科
编辑信箱：52966525@qq.com
封面设计：盛世华光 010-840317576

G30线赛里木湖—果子沟高速公路养护手册

第1册　果子沟大桥养护

第2册　果子沟大桥引桥养护

第3册　隧道养护

第4册　冬季养护

网上购书/www.jtbook.com.cn
定价：128.00元（共4册）

G30线赛里木湖—果子沟高速公路养护手册·第4册

冬季养护

DONGJI YANGHU

新疆伊犁公路管理局 主编